大都會文化
METROPOLITAN CULTURE

大都會文化
METROPOLITAN CULTURE

大都會文化
METROPOLITAN CULTURE

大都會文化
METROPOLITAN CULTURE

営業の鬼1000則

早川勝的銷售法則

早川勝 著
陳嗣庭 譯

專文推薦｜林光耀

法國巴黎第九大學 University Paris Dauphine 工商管理博士
曾任 Audi / Porsche / VW 台灣總代理永業公司 副總經理
美商 GM 台灣分公司 副總經理
ISUZU 台灣分公司 總經理

本書「早川勝的銷售法則：打造超級業務員的１００個心法」原書名中關鍵字**「鬼」**實在是畫龍點睛地將業務員應有的特質刻劃淋漓盡致，我願意用中文的**「達人」**跟英文的**「Talent」**來輝映早川先生「鬼」的原意。

當作者在前言指出業務員是「有能力正大光明的將自己完全認同的、最完美的商品提供客戶，並為客戶解決問題、為了客戶幸福而努力的最優秀藝術家」，其實作者也在１００則中再添加達人級業務員的其他人格特質彙總成：

藝術家的心（熱誠）＋**科學家的腦（專業）**＋**運動家的手腳（服務）**

早川先生更將業務員之角色與功能從營業（Sales）－提供商品，擴展到行銷（Marketing）－市場資訊回饋，甚至提升到品牌（Branding）－企業品牌形象境界，提升業務員之社會功能與定位，讓業務員有榮譽感我在汽車產業擔任高階主管30餘年，從事營業、行銷與品牌管理工作，與業務員朝夕相處，對早川先生之鉅作能從業務員心理層次、計畫執行及客戶滿足等面面俱到、句句針砭，其愛護後進之心慨然若揭，在此給予高度肯定與欽佩。

早川先生在本書有如此完整之論述，我實在沒有餘地置喙，僅能在此提出Matzler & Sauerwein在2002年提出的**三因子理論—3 Factors Theory**來錦上添花：

1. 基本因子Basic Factors —是一種極小的要求，如果沒有被滿足會導致客戶不滿產生，但無論滿足是否，都將不會導致客戶滿足，呈現非對稱關係。

2. 激勵因子Performance Factors —此因子與整體滿意度是呈現線性關係的，若績效因子評價高時，客戶滿意度將提升，反之則降。

3. 刺激因子Excitement Factors —這個因子被實現時，客戶滿意度將大幅提升，但不被實現也不會有不滿情形，所以呈現非對稱關係。

達人級的業務員是會運用激勵因子，積極地在第一時間提供客戶不只滿意（Satisfaction），更是超乎其預期的感動（Delight），進而提高客戶忠誠度與企業形象。

最後，期許業務員都能進階地咀嚼、發想早川先生大作，練就一身達人級技術而能事業順利成功，非業務員的讀者也能體會「這世界人人、時時都在推銷」，所以也可以從這書中領悟「自我激勵、滿足你愛的人」而豐富自己的人生。

專文推薦｜陳國政

富邦人壽 富策通訊處 業務總監
富邦人壽 北11區部 部長

在去年初（2018年）我受託將在壽險組織領導統御上近20年的心得，寫成了一套五本的書籍，在書本中引用了《哥林多前書》：

But now we still have faith, hope, love, these three; and the greatest of these is love（哥林多前書十三：13）。其中，最大的是愛。

保險業所要彰顯──

「典範、完美、尊貴」的理念，包含優質生活的追求、專業準則的奉行、高尚人格的修為、職業尊嚴的樹立，以及良好事業環境的塑造等。其中：

Faith，相信：是充滿救贖世人的「使命」。

Hope，希望，願景：推向「尚未看到的事」。

Love，愛：所代表的基本意義，是有責任及能力去愛那些不可愛的人，去尋求別人的最高利益，是一種熱誠而深切關心別人，設身處地關心別人的愛。

金融保險業是**「高度付出」**與**「注重道德」**的事業。**是以「人」為本，以「人」為出發，充滿價值信念，以「同理」為基礎，「典範、完美、尊貴（使命、願景、愛）」為標竿的產業。**

在人類社會中，相互扶持、彼此救濟，**對外服務客戶，必須秉持如此信念，對內部服務處的經營，也應如此秉持。**

只是，在這樣充滿高尚職場信念的產業中，並不是每位從業人員都能在一開始就能精準傳遞這樣的理念跟使命的…

在與人接觸中受限人性使然，或因為過多不肖業務員留下諸多負面觀感，或業務員個人原生家庭、成長環境所產生的個性、價值觀、不善與人互動等等諸多因素…。

在在讓許許多多從業人員無法從洞悉人性中順利地締結保單，往往在進入壽險業未久，未能領略行業的美好開展抱負就黯然離開誠屬可惜，而且，每一位業務同仁的離開不啻又種下客戶不良的觀感、產生負向循環並阻礙產業的發展。

在拜讀這本**「喚醒你心中的『魔鬼』！100個超級業務都在用的強勢締結法則」**後，我深深感到敬佩作者早川先生以其從基層員工訓練教官到總公司高階主管，擁有30餘年完整的業界實戰資歷在互動累積教學數千人的體驗中，**深入剖析要成為一個超級業務，從技術、從戰術、從習慣、從精神，四個面向切進及延伸。**

而每個面向前冠以『鬼』之形容詞更道盡要成為一名超級業務員（達人），必須在這四個面向中所需反覆鍛鍊的精神及學習態度，每項延伸都充分運用同理、從客戶的角度反

推業務員該做些什麼、說些什麼，或在客戶心目中什麼樣的業務員，其言行反而會獲得客戶的青睞。

看似高深學問在早川先生的妙筆下**每項論述閱讀起來如此平順，卻又如此令人激賞跟驚艷**。

不是教條不是理論，而是運用極其平易的口吻，深入淺出卻又鉅細彌遺地描述著，超業與客戶間互動的諸多細節如身歷其境。

栩栩如生，令人佩服！

擁有此書彷彿聘請了一位稱職身經百戰的超級業務化身為家教，讓我們頓悟每位朋友客戶的背後都隱藏著可以被成交被開發的密碼，**善用這本書就能輕易地解鎖藏在朋友身上的密碼。**

進而從書中領略 Faith（相信）Hope（希望、願景）Love（愛），再運用書中傳授的多項技巧，產生更多的『連鎖介紹』。

就能從點線進而擴大至面，成就自我、造福人群了。

前言

現今這個時代提出「鬼100則」這件事，或許有人會認為是非常嚴重的時代錯亂而嗤之以鼻。

但就因為在當今這種「馬馬虎虎的時代」下，對於剛整理好行頭，青澀的新生代業務員們而言，也許需要一些**「律已禁慾型的意見」吧！**

實際上，也可能這群沉浸在寬鬆的業務裡和禁錮在千篇一律的傳統下的老鳥業務員們，更需要**「充滿愛的『斥喝』」吧！**

在思索這些事物當中，基於拯救業務弱者的理念之下，這本書就這樣誕生了。

各位好，我就是那位被稱為「業務之鬼」的早川勝。

不過請不要誤會。雖稱為「鬼」，被想像成妖魔鬼怪的那隻鬼，那就尷尬了。書中所稱的「鬼」也不是大吼大叫以高姿態壓迫別人的那種意思。不過現在正經八百地去討論無趣的理論也不具有任何意義。

究竟該如何定義業務員呢？

應該是指**「有能力正大光明的將自己可以完全認同的、最完美的商品提供給客戶，並為客戶解決問題、為了客戶的幸福而努力的最優秀的藝術家」**。

業務員絕對不是「將自己不覺得優良的物品，只為了公司或自己的業績，以低姿態要求客戶購買的俗氣推銷員」。

對我而言，我認為業務就像是人生的縮圖。

當生活遇到困難時，就必須要獲有某種「堅強實力」才有能力跨越過去。

只要有一顆像「鬼」一樣「永恆律己的決心」，營造出輕鬆愉悅的氛圍，就可以展現出如同「佛」一般的笑容，自在地應對進退。

雖然時代不斷的在變化，但不會改變業務本身的性質。因此，**來來往往都只有「鬼之王道」。而且我也能很有自信地說，不管是販售流程或技巧我都是走在「時代的最前端」。**

為何敢這麼說呢？因為我目前正在難度最高的人壽保險業務單位中，沒日沒夜地努力學習，不斷地精進業務的技能，用盡全力探討成功的方法。

根據我的種種經驗而寫下的書籍，這是第12本書了。

長年以來，我一直都同時進行著把**在工作現場吸取到的「業務、教育」**等經驗，**利用**

「寫作、演講」等方式回饋予社會，由不斷累積下來的經驗值造成的「現實主義」，就是我的強項。

我在這30年當中，目送過許許多多在這個嚴峻的壽保業務世界中，業績差而立即被淘汰、不斷墮落的「玩票業務員」的背影。

他們因為沒有能力認清業務的本質，雖然在一段時機中有很好的業績，但時機過後也就失敗了。即便有優秀的知識、技巧、戰術，**只要沒有保持良好的心態跟習慣，也就只會慢慢的墮落下去**，反之亦然。而技巧不到位的人等，也就不值一提了。

那麼具體上該使用哪種訣竅來執行業務會比較好呢？

根據我曾經是完全提成制（無底薪）的員工，也擔任過營業所長、分公司主管、總務部長及本部長，也受聘為高階主管的教官，透過指導這些第一線人員也接觸到現實社會的情況，所以我清楚地知道我已到達確信無疑的境界。

我經由現場實際的體驗中，學習到的就是**累積數千人的數據所完成的超實用「鬼１００則（強勢締結法則）」**。

回頭想想，**當年我擔任分公司主管時，就是實踐「鬼１００則（強勢締結法則）」**，才能在30多歲就率領超過一百多名員工，**創造出他人望塵莫及，績效第一的分公司**。主要項目也得到公司「10冠王」的表揚，成員中的三分之一（約35人）成為MDRT（百萬圓桌協會，世界組織，頂尖數％壽險業務員的集會組織）會員，並成長為讓同行驚嘆的團隊。也創造了當時業務員98人中97人得過公司內部競賽獎項的奇蹟。

也許你自認為天生就不擅長自我表達而面臨自我放棄的處境。不，無論如何，希望你還不要放棄。從現在開始，還是可以開發你的業務能力並且到達藝術的領域。

在此呼籲所有陷入低潮、無力自救的業務員們，**具體上該如何執行業務才能提升業績的方法，我將「鬼之秘笈」用１００條訊息完整地傳授給你們。**

我敢說從來沒有一本業務相關的書寫的如此深入，所以本書有其價值。

當你讀完這本書之後，一定會有「立刻想試試看，是不是果真是如此！」發出鬼一樣的吼叫，立刻想去跑業務的衝動。

如果這本書能幫助喚醒你「心中的『鬼』」，那我就真的覺得萬幸了。

早川勝

第1章 Skills －鬼技術－

第2章 Actions －鬼戰術－

第3章 Habits —鬼習慣—

第4章 Spirits －鬼精神－

第1章

Skills
－鬼技術－

釣不到魚的時候，
可以當作是魚兒給予我們思考的時間。

厄尼斯特・海明威

面臨負債經營的困境嗎？那正好，
讓我來教你怎麼運作，就是加快每一個運作的步驟。

孫正義

人生，請不用考慮太多。
覺得太暗的時候就把窗戶打開，陽光就會照進來。

中村天風

01

愈是拒絕愈容易成交 第一步就是主動的拒絕

一般的業務員被客戶回絕時，都會感受到沮喪及莫大的壓力。儘管他們擁有優秀的技巧及豐富的知識，「恐懼感」仍會使他們瞬間停頓而無法發揮實力。那麼該如何做，才能使得原本的實力充分地發揮出來呢？其實答案很簡單，只要思考為什麼業務員都會被抗拒的這個問題，就是因為業務員**「要銷售」**。

客戶對「業務員」的印象大概就是來拜訪並展開推銷的人。那麼強調自己「並不是來推銷的人」就不會被抗拒了吧。一開始不要太過積極躁進，先舉起雙手表明「我沒有帶武器」，以解除客戶的警戒心。

「不好意思，今天沒有要賣東西給你的意思喔！沒有啦！沒有要推銷啦！我又不是推銷員！」用輕鬆的態度來降低自己推銷的意圖，便能夠緩和對方想拒絕的念頭。

但是，**只有「今天不銷售」而已，並不是從今以後都不做銷售**。做為一個業務員不可抹滅內心中堅強的業務員精神，一定要將下述事項傳達。

「如果有想要的商品，我們都可以提供建議讓您參考（努力銷售）。或許我可以幫得上忙！（因為我是業務員）」這些一定要補充說明。**「如果有需要」是依據客戶的需求為前提來配合的，比較容易讓對方產生信任感。**

明白地說就是，立志成為有勇氣「拒絕」的業務員。

過去所欠缺的是「由我們來篩選客戶」這種保持自尊心的態度，同時，也不要忘記我們之間原本就有互相選擇的權利。如果由我們先拒絕了客戶，心裡就不會受傷。見面前也就比較不用擔心失敗了。

所以你們也不要學「傳統業務員」的手法，「不管誰都沒關係，來跟我買東西吧！」不要成為這種圓滑的拍賣業務員。

針對擁有尊貴人格的你，**絕對不可以向這群輕視「傳統業務員」的人低頭。要去選擇會將你當作一個人來尊重的，**且有高尚人格的客戶。

愈是拒絕愈容易成交，一直拜託反而賣不出去。這就是業務員的鐵則。

02

以「販賣手法」做銷售

如果你還相信，單純依靠三寸不爛之舌來說明商品內容，就可以不斷地維持銷售的成績，那就抱歉了！我只能說你還只是一個二流的業務員而已。

的確，身為一個專業的業務員必須熟悉並能正確地說明自家的主力商品。但是這個程度最多也只算是一個業務員「最基本的功力」，是不可能成為致命武器的。即使完美地將商品說明書背得滾瓜爛熟，成為一位「活體說明書」，也不可能使你成為有永續銷售業績的業務員。

這裡也希望大家不要誤解。**你並不是在販賣商品，而是銷售「販賣手法」**。

其重點在於針對客戶的整個銷售流程「**①驚奇→②注意→③興趣→④理解→⑤接納→⑥感動→⑦感謝**」中仔細地、毫不敷衍地確實進行每一個過程。

在與客戶交談的過程中，①「**哇！**」的感到驚奇，②「**啊！原來如此**」的引起注意，③「**嗯！有道理**」來引發興趣，④「**真是厲害**」讓對方感到欽佩，⑤「**原來如此啊**」使對方理解，⑥「**真是太完美了！**」來觸動對方的淚腺，⑦「**謝謝！謝謝！**」的要求跟你握手。

像上述一般，**只有正確地執行這個「7招觸發購買慾的銷售程序」的「販賣手法」做**

銷售，不僅能提高成交率，回購率也會提高，口耳相傳的顧客群也將不斷地擴張。

如果是一見面就只想「販賣商品」的粗俗業務行為，那麼不管何時都會被貼上「拜訪推銷」、「強迫推銷」、「推銷東西的」等這些被輕視的標籤。如此，你就不可能對自己的職業感到「自豪」。

那麼現在不正是提升我們業務員地位的機會嗎？

如果以「販賣手法」來做銷售時，就會遇到「以前從沒遇到這種業務員」、「希望你一直都負責我的業務」、「這麼好的事情，我一定要讓我的好朋友知道」之類，有點誇張的稱讚。而且每次都會發生。

所以希望各位千萬不要著急。**販賣商品並不是強力推銷就會有成效。**

對於非常想要，已經無法克制的客人，只要悄悄的說「我告訴你喔．．．」就可以了。

03

使用所有的銷售程序達成「簽約」

不可以太著急於到達目的地。每天不停努力「跟我買喔，來買喔！」地在推銷商品是沒有辦法成為長久的業務員。可以想像得到，你終究有一天會疲累，感到倦怠。

雖然銷售會因商品及行業不同而產生變化，無論如何，**最終依循著某些具有意義及有方向的步驟，向最後的終點前進才是最重要的事**。

雖然如此，如果在每一個步驟上鬆散地進行、混水摸魚，那麼一樣也沒辦法獲得良好的成果。

不曉得你們有沒有被客戶說的這些話「我們會認真考慮」、「請再稍等一下」、「下次再過來坐坐」等等，**婉轉的回絕詞語給玩弄了呢？**坦白地告訴你，上面這些都只是好聽的場面話、禮貌性的社交用語罷了。

如同這樣**粗淺半吊子的進行方式，你絕對不知道下一步該怎麼走**。

即使是已經約好的會面，但卻是遙遠且不明確的空頭約定。到最後，這個會面非常可能被取消掉。

大家的心情我也都能理解。你會擔心整個計畫胎死腹中，而小心翼翼地以最安全的策略執行，但是這樣卻會造成反效果。

預約成功、初次會面、意見聽取、簡報、友人介紹等每一個進行階段，都必須採取猛烈地攻勢而獲得成交。重點在於能否順利接續到下個步驟。

所有的訪談之後，剩下的「路徑」就是二選一了，**倘若不是被告知「從此都不再相見」這種徹底的拒絕，就是取得針對下次會面更具體的討論內容，而且會在最短時間內約定會面。肯定就這兩項中的一項。**

對所有的會面來說，應該都存在各自的「意義」及「目的」。所以一定要利用**所有簽約技巧，才能看見事情的「真相」。要不然對方到底要的是什麼？真正的答案就會永遠的埋葬於黑暗之中。**

記得要經常抱持著進行決鬥的心態，不可退怯。

是時候要下定決心與內心軟弱的自已訣別了。

04

運用「口碑行銷」傳達無止境的大義

如果能夠以口碑行銷，建立起口耳相傳的「人脈網絡」，那這一輩子就沒有煩惱了。但實際上，還是有很多因為無法擴展市場的業務員請我「開釋」。部分原因是技巧不夠成熟，但經過更深入的了解分析之後發現，最致命的缺陷是自己的「理念」無法有效地傳達給客戶。

說白了，願意幫助我們升官發財的，大概也只有親戚朋友這些人吧。但也有可能出現「陌生人」，因同情困頓潦倒的你而伸出援手。

就跟死纏爛打的技巧無法持久的道理相同，要別人介紹業務給你也沒那麼簡單。

為什麼呢？因為他沒有「大義」這麼做。

如果能夠將自己的抱負及理念，完整地傳達給客戶並引起他的共鳴，客戶就會「一定要介紹他給你認識」、「去找他幫你處理看看」地成為幫你宣傳介紹的貴人。

順帶一提，我在保險業務員時代傳達的「大義」是這樣：

「我想盡力去幫助這世上的人，哪怕只有一個人也好，想要幫助客戶守護他的家庭。也希望能有機會成為A先生身邊重要的人。就像A先生自己一樣，大多數的人都是在不清楚保險保障的內容而購買保險的。萬一自己發生不幸時，這份保險是否真的可以守護重要的家人呢？我想讓國內更多人了解什麼是真正的保險，知道它的重要性。而我首先要做的，便是傳達正確的資訊給大家，這就是我的使命！」

在你真誠的「理念」下，客戶也很難拒絕幫你介紹其他客戶。因為只要是有「良心」的人，都無法否定「正義」的存在。

如此順利的運作下去，自然會產生良性的循環，出現支持你的夥伴、合作者，到處充滿粉絲，擋都擋不住。

只有正大光明地執行業務，才能在所到之處喚起「同理心」。

05

從提出「沉重的請求」開始突破

在業務經營上有個所謂的「折衷點」。

傳統的銷售基本模式中有一種手法，想推銷合理價位而且人氣不錯的B案時，如果貿然將之提出，難免被想成是強迫推銷。因此，先推出價位較高的A案之後，再提出B案就比較容易說服對方。

的確，這種做法非常的合理，跟要求贖金或提高零用錢的交涉原理相同。

那將這個方法再更徹底地應用到所有的案件試試看會如何？

譬如，希望對方介紹3個人給我。雖說只有3個，但也不是那麼輕易就可以獲得姓名。因此你可以，「想拜託你今天介紹20個人給我，拜託拜託！介紹30個人左右也可以，拜託你！」

可以提出超出一般正常人數的要求試看看。

對方一定會「等一下！30個人！要這麼多人嗎？」地覺得困擾吧！這時立刻就改口

說，「要不然先介紹3個人也可以，請你幫忙介紹一下。」

這樣的說法，**會讓客戶覺得「3個人的數量」比較沒負擔**。成功率自然就提高了。

同樣的，想請介紹人事先撥個電話推薦一下的時候，也是類似的手法。

「可以陪我一起去拜訪他嗎？拜託拜託，跟我一起去拜訪他的公司，拜託！」

試著提出這種要一起同行的沉重請求，對方一定感到困擾。這時候立刻改口說，「要不然撥個電話也可以，可以馬上撥個電話給他嗎？」

這種作法，**客戶對「撥電話」比較不會感到負擔**，那成功率就可以提高很多。

如果連這種沉重的請求都被答應了，那就更應該發自內心地感謝他。只要在客戶同意接受的情況下，雙方都會覺得十分開心不是嗎？

或許說，不耍手段的直球對決是最理想的方式，**但有時候，沒有使用善意的小手段，別說遠大的理想，芝麻般的小事都無法完成**。

06

實踐「取得介紹的7個步驟」拓展人際關係

開拓市場的王道，那就是連環介紹型的經營手法。特別是對我們業務員來說，練就這門技巧才是唯一「存活的法門」。接下來就由被稱為「介紹之鬼」的我，將我所提倡的「取得介紹的7個步驟」，傳授給大家。

步驟1，再次確定客戶購買的最大誘因。

應該是在最後信任了業務主辦人而決定購買，當然其中也可能是因為商品優質、設定的價格合適。但是，我在這裡希望你不斷地詢問「還有其他的原因嗎？」一直到客戶回答「因為你很優秀」為止，

步驟2，如前述「04項」，大方地傳達「大義」。

只要傳達到位，善良的客戶應該更無法拒絕幫你介紹其他客戶。

步驟3，具體表達希望介紹哪一類的人

單純地提出「介紹個人給我吧」，客戶可能會覺得困惑。應該說「賺大錢的老闆」、

「交情不錯的高爾夫球友」、「最近結婚的朋友」等，表達明確的目標。

步驟4，詢問他想到的人的姓名。

為了能夠盡量收集更多人的姓名，只要單純地重複「第3步驟」跟「第4步驟」就可以了。反覆地「請他思考一下↓問出姓名」。

步驟5，詢問每一個被介紹人的資料。

知道姓名之後，必須更進一步地收集到電話，住址等資料。

步驟6，請介紹人先連絡對方並取得同意。

訣竅如同前述「05項」的案例，從提出沉重的請求開始突破是有效的。

步驟7，將所有的過程，都詳細地告知介紹人。

在成交之後才報告就太慢了。你應該找更多機會頻繁地將會面的過程，被介紹人的反應等告知介紹人，你將更有機會獲得進一步的幫助。

契約審核有其重要性跟急迫性，而取得介紹後難免就覺得沒有那麼重要，也沒有急迫性，而導致「下次再處理吧」地擱置下來。

如同呼吸一樣，要把要求介紹當成必辦的例行公事。如果可以強烈地意識到這件事，那麼「介紹的巨輪」就會不斷的擴大。

07

運用唱「抒情歌」般優雅地交談來取得約會

有不少業務員在開發新客戶時，會對撥打邀約會面的電話感到棘手。原本只要能夠直接面對客戶，就能發揮原有的業務能力及個人魅力，卻往往在初次通話的階段就被回絕掉。

說到取得約會這件事，不管是按照範本朗讀台詞或用相同的話術運用於相似的市場等方法來獲取，預約成功率明顯的出現很大的個案差異。由此得知，交談範本的用字遣詞跟成功與否並沒有直接的關聯。

那麼，到底是何種原因導致了成功率出現差異呢？**取得約會失敗最常見的原因就是「說話太快」，這是最大的敗筆**，而且語氣冷淡，聲調平平還用假音。瞬間被秒殺只是剛好而已，直接被掛電話，結果只能聽到「嘟嘟嘟」的聲音。

刻意地使用和緩的節奏並降低速度。配合其律動，不要用喉嚨發聲，以腹式呼吸運用下腹丹田來發出聲音，也不可忘記要有抑揚頓挫。

如樂譜上的行板、極強、極弱一樣重複交替使用，**「像唱歌般地說話」**。到達副歌的地方，就忘情地高唱也無所謂。

如果一定要唱，唱「抒情歌」比較妥當。例如，即便是第一次打給新客戶，用像哼歌一般，帶點輕鬆的語氣不是很合適嗎？就像跟朋友或家人交談一樣，用「跟你經常都在聯絡喔」的感覺講電話。在這種節奏下，客戶也容易聽得進去。

是否能掌握主導權，就看你能不能把話筒想像成麥克風，輕鬆地交談（歌唱）吧！

盡情地演唱抒情歌吧！然後發掘取得約會的樂趣。

在此也建議你可以躲進ＫＴＶ裡，一邊歡唱喜愛的抒情歌，一邊徹底地進行取得約會的訓練。

08

想取得約會最好提出「兩個理由」

請在原本想要會面的理由之外，再另外設定一個「理由」，如果這樣可以達到緩和客戶的警戒心，那麼會面的成功率就非常高。

當然，會面的主要理由就是「談業務」。直接地表示來意，不僅**容易被誤會成常見的推銷，跟客戶的攻防也會變得更緊張，也有可能引發「電話銷售恐懼症」的心理障礙。**

因此，先設定另一個「會面的理由」，而且先提出來講，就可以順勢避開客戶的拒絕以及自己的心理障礙。

「其實，我最近想開始打高爾夫球，想跟○○高手學習一下」

「計畫去國外旅遊，有些事情想請教一下身為旅遊達人的○○」

「烤了一些蛋糕，想請愛吃甜點的○○試吃一下」等，**設定一個跟業務完全無關，比較休閒的理由。**

當然這些多設定的理由沒有重要到需要會面，所以也要強調另一個（也就是真正的）

理由是給客戶「提供多利的消息」。

這時就利用心理學上所說的第三者的影響力，引起他的注意。開頭可以用「像○○那樣□□的人」，來說明對方「覺得這個商品非常有用，讓他心情很好」。□□業的人可以是老闆們、家庭主婦、主管階級的人、公務人員等，**聽到與自己類似行業的人，都覺得「很開心」、「很有用」的時候，自然會覺得「說不定對我自己也有用」**。

只要設定「兩個理由」，再加上值得花費寶貴時間的事情，也可以營造出輕鬆愉快的氣氛。而最重要的是，**與客戶的會面中更容易切入「談業務」這個話題**。

如果沒有事先知會他原本的理由，在開始進入業務的話題時，難免會飄出令人「厭惡的氣氛」。**對方甚至會覺得「被騙了」**。**而「被欺騙的對方」就會在心中拉起「嚴加戒備的警報器」**，察覺異狀的你，應該也沒有勇氣再繼續進行下去，也就只能在尷尬的氣氛中「自爆」。

如果你也可以實行提出「兩個理由」來「取得無法拒絕的約會」，嘗試轉換方法，絕對可以使你的業務很有趣地開始順利運作。

09

依照自己「隨意的心情」約定會面的時間

不僅是大多數的業務員都身陷其中的壞習慣，同時也是**取得約會最愚蠢的典型模式，就是問「您在哪個時間比較方便呢？」**

我在辦公室裡只要聽到這種對話，就會邊罵「豬頭！」，邊著急到頭皮發癢，你配合對方的行程到底是想怎樣？

世上的人並不是你所想得那麼忙碌，但卻也沒有很多空閒。如果「隨對方的便」，那就一直無法有效率地取得約會了。

理由是對方會用**「下個月再請撥電話過來」或者「我翻一下日程表，再回撥電話給你」等曖昧的說詞來搪塞**。期待對方主動地跟你聯絡？基本上不可能。

假設已經取得約會，但卻一而再再而三地延期，其結果若不是直接忘記，就是覺得太麻煩而取消掉了。

在對方的立場上，對於這類「低順位的業務會談」，會積極地挪時間給你的人，大概

只有時間太多的資深長輩或欠你人情的某些同事朋友吧！

如果你覺得自己一生都是低業績者，那就這樣繼續等待由對方所主導的鬆散型約會就可以了。

「不！不是！我想馬上提升業務成績！」

如果你還有這樣的想法，那就絕對**要停止詢問對方是否方便。**

我希望你翻開自己的簿子，找出「最近的空檔」填下去。

那會是明天或後天嗎？如果你面臨著明天後天都沒有約會的緊急狀況，你還笨到在預約「下週或下下週，可以撥個時間給我嗎？」，只能說，愚蠢也該有個限度。

況且這樣也不算在做業務，只是單純的「採購服務員」罷了。還是說，你覺得對方跟自己會面根本就是浪費時間？

不！不可以這樣下去。**你一定要擁有「沒有比花時間跟你會面更具有意義的事了」這樣的自信心。**

從現在開始要徹底地改變以往「非常抱歉、不好意思」這種諂媚型的業務員形象。

10

直到會面為止 不斷地重複「雙重限制」

大家應該都知道，像這種「隨時都可以，就配合您的時間」的低姿態說法是一件愚蠢的事吧！

那麼，到底該如何具體地取得會面的機會呢？

答案非常簡單，**確實取得約會的手法就一定要用「二選一」這種「雙重限制法」**。也就是「週一早上10點或週二下午2點，**哪個時間比較好？」限制在兩個時段來決定會面的手法**。出乎我意料的是，很多人到現在都沒辦法做到。

而做不到的理由聽說是「對方又沒答應跟我會面，突然問哪個時間比較好，在邏輯上有點奇怪」。

沒錯，**就因為是這樣，所以有很大的功效**。

舉例來說，跟朋友在居酒屋喝酒的時候問說「再去另一間喝吧！要不要？」，就比較容易被回答「不，今天先回家了」。但是如果這樣問「接下來是去ＫＴＶ或是去酒吧續攤？

去哪一個？」，對方一個不小心就會回答說「那去酒吧好了！」。

當被問到「要不要去？」的時候，在語法上容易回答「不去」。另一方面，當被問到「哪一個好？」的時候，語法上回答「不去」很奇怪也不容易說出口。依照一般的交談流程是會自然地選擇一個。

如果在預約會面時，你定的兩個時間，對方都回答「兩天都要工作沒辦法！」，這個瞬間你仍要視為「他願意跟你會面」，這時應該很高興地重新問說「非常感謝您，那麼週三的晚上或周末，哪個時間方便？」。**就這樣一直讓他二選一，重複地使用「雙重限制」**。

另外，約定時間的方法也可以告訴對方，我也很忙。

客戶應該也不會想跟一個沒人氣，閒到發慌的業務員會面。所以說，一定要跟客戶說只有「這個時間」跟「這個時間」有空。

這裡提醒一點，打電話給客戶並不是要決定「要不要見面？」而是要決定**「何時在哪裡見面」才打的電話**。

不要管別人怎麼說，**要確信「要會面這件事其實早就已經決定好了」**。

11

出現反對意見時以「從容的笑臉」來接納

不管是故意的還是無心的，**客戶這種生物，都會習慣性地挑選業務員的「正義」**。沒錯，就是在測試你。

就如同多數業務員被客戶拒絕或推辭時所感受到的龐大壓力，客戶端也是對於每天要應付這群「貪婪」業務員的「計謀、策略」感到厭煩。

於是「不想被業務員唬得團團轉，也不願意被強迫購買」的這種「自我保護本能」就啟動了。

對「人性」有自覺的客戶，**不想糊裡糊塗地買下來之後再後悔，堅強地從誘人的優惠之中保護自己**。這樣其實是很可憐的，像被威脅一樣，經常都得提心吊膽。

如果能引導對方，讓對方能夠坦率地面對業務員，接下來也就難以拒絕了。但在這之前，客戶為了將只出一張嘴的那種業務驅逐，可能提出讓你無言以對的反駁，藉此在入口處進行篩選。這就是你純真的態度接受試煉的瞬間。

客戶也不是簡單的人物。**雖然你已經預先針對客戶的反駁佈置了防線，還是有充滿勇氣、巧妙地突破的「正義使者」，也就是客戶會幫你一張張地發送「先談商務也可以喔」的車票，慢走不送。**

此時，我也可以理解，因為擔心被反駁，所以在反駁出現前先進入商務的會談。

但是，**在封鎖反駁的期間，下一個程序的進行也就被阻擾了。**這樣只能拿著車票，雖想著要搭乘銷售程序的班車，卻也不得不在中途被迫下車。如此根本就沒有機會到達簽約這個終點站（目標）。

如果可以將反駁的意見一條一條地處理掉，也同時解答客戶的每一個疑惑。相對的，到達終點站的車票也就會一張一張地被印出來，就這樣亦步亦趨地向目標前進。

總而言之，絕對不可害怕「反駁」。就算是惡意刁蠻的反駁也要解釋成**單純的「提問」，用「從容的笑臉」虛心接受。**

更重要的一點，你要清楚地瞭解，你只是「正在被試探」罷了。

12

運用「那正好」處理所有的拒絕

在還未能傳達任何事情的初始階段，就被客戶為了反擊而反擊的一些「虛假反駁」給擊潰，沮喪地逃回家去，根本就沒辦法進行業務。

具體上，反駁的形式大概有「目前不需要」、「沒錢」、「我很忙沒時間聽你講話」、「我無權決定」、「我交給認識的人處理了」、「○○沒信用，所以討厭他」這幾種。

但是，**這些反駁，都不算是拒絕，頂多算是還不到提問程度的「打招呼」**，但你卻當真而選擇放棄。

我就在這裡傳授大家**「擊退反駁法」＝「神奇的反駁應對」**。

首先，出現反駁時，不可以立刻反駁他。反而要不否定地回覆「是啊是啊」、「我也是這樣想」、「我瞭解那種心情」，**反過來肯定他。必須要有讚賞客戶所有的反駁，並欣然接納的度量。**

若是對著那個表示「沒辦法信任」的客戶說，「沒事，沒問題的，你可以相信我」嘗試去說服，對自己的意見被全盤否定的客戶而言，只會讓他覺得更不愉快而已。

因此不管是多麼刁蠻的言語，只能豪爽的全部吞下去，而吞得愈多愈能增強「神奇的反駁應對」的威力。

我要你**先「啊！」用一下這個感嘆詞，然後說「那正好」邊拍手**。

我還要你用「我沒有覺得被拒絕了喔」這種輕鬆的態度來緩和你跟客戶之間的尷尬，順便拉近彼此友好的距離。期待你運用「不介意」的這種寬大心胸，輕易地閃避沒有惡意的客戶所發射的威嚇射擊。況且「神奇的反駁應對」可以是件防彈背心，保護著你所以沒什麼好怕的。

「啊！那正好」就是反駁應對的信號彈，就按照這樣的信號，不給喘息的時間繼續進行下去，就是「對於那些說『沒錢』的人們，給予非常有用、愉快的消息」。**不管是哪一類的反駁，全部都用這種方式去反擊就可以了**。

在還沒有開始推銷商品前，提出「先坐下來聊些有用的消息吧」這類建議，那麼客戶的反駁也就變成了「擦槍走火」而已。

運用充滿善意的解釋以及反駁應對，便再也沒有任何理由能拒絕你了。

13

運用有衝擊力的「自我公開」開創前途

誤以為「瞭解客戶」是業務的最高指導原則的那群業務員，只要聽到「有訴求」、「瞭解需求」等就會變得積極。也是啦，的確這些都是最基本中的基本，但是，在這之前是不是遺忘了一些重要的事情呢？

那就是「自我開示」。在不斷地重複提問之前，你是否已經清楚明白地告訴對方，你到底是「何方神聖」？

「吃不消型業務員」最容易犯的失敗代表例：交換名片之後就連珠炮似地開始進行「公司的介紹」、「商品的說明」，或者像機關槍似地不斷提問。

先等一下。

這種方式會讓對方覺得「想再見你一面」嗎？不可能，別說見面，對方並不會留下任何印象，效果也是零。

說不定只留下了一個不好的印象，下次再連絡的時候「你是哪一位來著？」、「您有何貴幹啊？」等不友善的對話後就悽慘地結束了。**你的人生之中也一定曾有類似這樣的「失敗經驗」**。

先告訴你，如果你認為「你是什麼樣的人？品行如何？你的為人、性格、主要的資歷、活動的目標等這些事，只需遞出名片，對方就會明瞭」那就大錯特錯了。

解決的辦法其實很明確，你要**「率先的」敞開心扉**。重點在於完成一個能夠拉近距離、使之放心的「自我介紹」。

公開你的「Mystory（個人資料）」。

我期待你能夠整理出20字以內專屬於你的口號、出生地、成長地、小時候的夢想、對家人的愛與期許及生活中的趣事、曾經熱衷過的運動、個人獨特的興趣或技術、人生理念跟未來願景、所堅持的職責、信條、改變自己的座右銘、「從事現在這份工作的理由」等，展現具有衝擊力的「自我公開」。

語言表達能力較差的人，也可以利用有照片的個人資料卡或行動裝置，來呈現自己的履歷。

只要你能率先的開放自己，一定可以「開創未來」。

14

藉由不斷的讚揚引發出「不安、不滿」

當購買欲望被激發出來時，到底是怎樣的心理狀態呢？

答案是，**對於「現況感到不滿、不安」的時候，在這瞬間會從心裡發出「解決這些問題」的期望，因此就產生了「想購買」的慾望**。如果沒有理解這種最基本的原因道理，那就不可能賣出任何商品。

像是地震時會擔心房屋老舊問題、因為手機資費太高想換一家、冷氣壞了非常悶熱、西裝尺寸不合、沒時間做飯想叫披薩吃。

像這樣感到不滿、不安，然後使需求「明顯化」，銷售起來也就變得比較容易。**但是若客戶端沒有感受到不滿、不安，需求「潛在化」的情況下，銷售就有困難。**

推銷人壽保險給對於生老病死沒有概念的年輕人就是一個很好的例子。所以，絕對不要牽強地讓他感受到「不滿、不安」，**而是要想辦法讓客戶本身發現不滿、不安。**

其實，你應該也知道、**愈是讚揚就愈可能讓他發覺真正的「不滿、不安」的這種心理。**

如果一直指出不足的地方反而會導致客戶沒辦法接受，但是依現況不斷地加以稱讚催化，反而容易讓他開始發牢騷。

如果問說「〇〇公司，規模很大，售後服務也很完整，應該沒有什麼不滿意的吧！」，通常就會是這種反應「哪有？其實也沒有那麼好啦」。

對方開始變得謙虛，那麼要如何讓他開始抱怨呢？只有繼續地讚揚下去了。然後「這樣說是？」、「真是出乎意料啊」、「然後呢，然後呢？」去傾聽他的不平、不滿、不安、抱怨、期望就可以了。

持續地讚揚之後，漸漸就能使客戶說出披上「謙遜」這層薄紗的「心裡話」。**客戶自己會在談話中，逐漸地發現到自己本身的不滿、不安，需求就這樣被喚醒了。**

比起談著如同寒冷北風般負面的話題，不如用像太陽一樣溫暖的稱讚話語來除去「客套話」這件外套，此時，你已經成功八成了。

15

創造出理想與現實之間的「落差」

理想是件虛幻的事情，世間上幾乎所有的人並沒有實現自己的「理想」。現實的生活是嚴苛的，每個人都有一堆問題，雖然已經拚盡了全力卻還是飽受煎熬。感到幸福的人很少。數據顯示，跟歐美人相比，覺得不幸福的日本人非常多，欲求不滿的程度已經到達臨界點。

但是，**人們卻能以忍耐再忍耐的方式，安穩地過生活**。在日常生活中，總以「理想的生活方式是不可能的……」的語言暗示，將希望鎖入心底，盡量不去思考。

嚴苛的生活裡，為何常常放棄了「自己想要的東西」或「做自己」？那是因為已經養成了「不去思考的習慣」。

在銷售程序中，已經藉由「稱讚」的這個行為，成功地讓客戶發現不滿、不安，下一個步驟就是刺激這份需求讓它成長，讓客戶發現理想與現實之間的「落差」。

那麼我們可以創造出多大的落差呢？能夠讓他們愈是注意到這個落差、發現差距愈大，那就愈能產生不可計量的銷售機會。**有道是人類的欲求、慾望是永無止境的。**

如有名的心理學家馬斯洛所提出的需求層次理論金字塔中，吃飯睡覺等生理需求、安心過生活的安全需求、與朋友分享的社交需求、渴望被認同、被稱讚的尊重需求、實現自我理想的自我實現需求，我們都在下意識裡追求這些。

我們推銷的王道，就是幫忙填補這份落差，滿足這份需求。為此就要讓客戶明瞭，現在的情況並無法滿足他。

「健康」、「美食」、「老年」、「購屋」、「家庭幸福」、「興趣」、「旅遊」、「理財」、「投資」、「婚姻」、「學習」、「換工作」、「創業」、「個人尊嚴」、「社會貢獻」等等。

你就是**實現人們理想的救世主＝業務員。**

16

別喋喋不休地說話，以「訪談」來挑弄自尊心

高業績者的武器，就是可以巧妙地掌控「提問」的能力。**做業務的竅門就是，可以接連地問出客戶想說的事情，千萬別忘記這條鐵則。**

千萬不要在客戶還沒進入「傾聽模式」之前，就接連不斷地說明「是怎樣優秀的商品，銷售又是如何領先其他公司的產品。」

要知道大部分的客人都是有禮貌的「大人」，其實都在忍耐你那些無聊的話語。在不斷說明的情況下，很可能跟你所期待的相反，從此就不再跟你見面。

因此，希望你將**業務的話語切換為「全由提問所組成」**。

第1級的初學者，單純的就一個身為人類的立場，對客戶噓寒問暖就可以了。問些工作上的事、家中的事、感興趣的事，一些私人的事情也沒有關係。也就是重複著**「提出問題」**、**「附和回應」，而且一定要保持著傾聽的姿態**。這個時候，回應也只用「那不錯」、「好厲害」、「那非常好」這3種。簡單地重複就可以了。

第2級的中階者，**可以用提問來替代「讚揚話語」**。

舉例來說，如果面對女性客戶，與其稱讚她「妳好漂亮」，不如問「妳保持年輕和美貌的秘訣是什麼？都用哪個牌子的化妝品？去哪邊的美容院或健身房？令堂一定也是美女吧？」等等，更能使客戶覺得愉快，而且「重複」這種無法只回答「是，不是」的問題5次以上。這些變成習慣以後，絕對可以從中浮現感興趣的問題，那就不難發現到具有核心價值的主題。在不斷地提問中，也可以拉近彼此之間的距離。

第3級的高手，**可以將客戶「真心想說的話」**用**「誒～然後變成怎樣了？」「誒～為什麼會變這樣呢？」**等反問詞，**持續讓他接話**，漸漸地，客戶重要的性格應該就會顯現出來。

重要的是，不是讓客戶憑著自己的意識單方面地說話，而是以「你有在聽」、「你覺得有趣」的話題，讓客戶回答的這種方式，來稍微滿足客戶的自尊心。

明天開始，你並**不是業務員，是經過認證的職業「訪談者」**。讓自己養成「開啟一個話題，提出5個問題」的習慣。

營業の鬼100則

17

沒辦法回答的時候就當成「習題」帶回去

身為業務員，應該都有被客戶問過難以回答的問題吧。雖然說，我們業務員在這個領域算專家，但也不可能所有的事情都了解。

當被問到跟主打商品相關，但卻在「專長領域外」的專業問題的時候，真的是非常麻煩。稅務、不動產、金融知識、公家機關程序、法律、醫療、保險、IT相關的、其他公司的消息、製造方法、內部結構、安全性、交貨日期、事務規則等等，各行各業不勝枚舉。

相信你也有過在這種情況下，擔心沒有立刻回答出來會失去信用，焦急到冷汗直流的經驗吧？

你也有類似下述的這種失敗的經驗吧？

「隨便敷衍一下，閃人」、「含糊地混過去」、「假裝知道，轉移話題」等，被客戶識破你這種搪塞的應對，因而使客戶的信任關係產生裂痕的情節，可能不是很多次，但多多少少有過吧？雖然有點丟臉，我在資淺業務員時期，也有過類似的經歷。

這也是想一股作氣當場簽下合約的人很容易掉進去的陷阱。況且，有仔細研究過才過來購買的客戶也相當多。

畢竟人類是具有第六感的生物，面對著挺著胸膛隨便做說明的業務員，當然會產生不信任感，**直覺會告訴他「哪裡怪怪的」**。

一旦變成這種情形，就難以挽回了，就算是說出了一番理論說服了客戶，他還是「覺得哪裡不太對」，沒辦法下定決心購買。遇上這種情況只能「忍耐」，**不要當場立刻答覆**。

「為了慎重起見，我回去查一下，這事情太重要了，我詳細地調閱資料後再給你答案」，**當成「習題」帶回去**。

如此一來，便可以留下「可以信任的人」、「很可靠的人」、「認真的人」、「可以委託的人」、「誠實的人」這些印象給客戶，還可以成為**下次約會的「藉口」**，**可以說是一石三鳥**。

可能你會覺得這樣做，簽約的時程就停頓了，甚至延後了。放心，只是稍微繞一下路而已。

只要養成時常帶著習題回去的習慣，那麼機會也就會隨之增加。

18

結尾的時候置入下次的「預告」

如同電影的預告，吸引著你去電影院看電影一樣，實在剪接的精彩。運用經典畫面及台詞完美地組織起來，標語也是恰到好處。

在此介紹最近上映的電影當中的幾個「出眾的詞句」。

早上睜開雙眼，不知為何在哭。這事常常發生。曾經做過的夢，卻總是想不起來。（你的名字）

美軍史上最多，曾經射殺過160人的慈祥父親。（美國狙擊手）

5000名乘客，到達目的地需120年。卻有兩個人提早了90年醒來，只為了一個理由？（星際過客）

「我的壽命……5天」（成人世界）

守護著家庭的妻子、守護著自己的丈夫。（婚姻風暴）

聾啞家族中，唯一聽得到聲音的少女有歌唱的才華—（貝禮一家）
拯救了155人的性命，卻變成了嫌疑犯的男人。（薩利機長：哈德遜奇蹟）
天國的母親寄來的卡片，棲宿著母親的愛（生日卡片）
暴風雪的夜晚，困在小屋中的8個惡人，全都說著謊言。被識破、不被識破。最後存活下來的，到底是誰？（八惡人）
偷走的只有，羈絆。（小偷家族）
「初次見面，我是殺人犯」（第22年的告白：我是殺人犯）

每一個都是會使你想立刻去觀賞的詞句，不是嗎？

也希望你能夠在拜訪客戶的結尾時，**將下次來訪的目的或內容，整理出簡略的標語，演示出一段具有衝擊力的預告。**

換成我這個業務員來做，就會像這樣：「下次，我只帶3個東西過來，『驚喜』、『感動』、『夢想』！我在這裡發誓，絕對『不賣』商品！也沒有要提出案件，不是要來推銷，只是作為一個平凡的日本父親，來做個『訪談』而已」。

在客戶沈浸於「餘韻」的同時也期待著下次的會面，非常期盼著你的到來，這樣約會被取消或延後的機率也會顯著地降低。

19

積極地探聽「家庭資料」

簡報之前，有一項絕對不能忘記執行的重要步驟。是的，那就是**耗費大量時間及體力的「探聽」**。

這個階段就是測試你做為「訪談者」技巧的最佳時機。

特別是，必須對客戶的家庭進行仔細的打探，如沒有特殊複雜的原因，一般客戶是不會厭惡討論家庭相關的話題的，大部分的客戶應該都是笑瞇瞇地、愉快地談論。

你或許會被懷疑是因為要提出更好的方案，才會打聽家庭內的狀況，但是，比這些重要的是，**提醒客戶注意到人生之中什麼才是最重要的事，並同時縮短與客戶之間的距離感才是真正的目的**。

不管是房子、車子、金融等個人行業，或是公司主管等法人企業也都相同，**家庭相關的話題都有全能的效果**。另外，面對單身的人也可以藉由閒聊到他雙親的事情，**了解他個人的成長背景**。

當然，在有小孩的情況下，更是有聊不完的話題，手機中的照片也可能不只一兩張，幾百張、數千張也都不算稀奇，如果他願意將照片給你看的時候，可以說「好漂亮啊」、

「看起來很幸福耶」、「寶寶是女孩嗎？」等等，盡情地展開提問攻勢。

不害羞地說，身為三個女兒的父親的我也是「想曬照片一族」的成員之一。

有些客戶的親屬可能會覺得有點難為情，但應該也不會覺得父母有惡意吧。**就以這些家庭照片為開端，追根究底地打聽兩個小時左右吧！**

所有家庭成員的年齡、學年、社團、學習的種類、擅長的科目、興趣、運動、血型、職業、家庭生活、結婚紀念日、未來的夢想、想教育出哪種小孩等，不僅是基本資料，**客戶所關心的、有興趣的事物全都要關心、感到興趣**。這不是作秀，而是要你認真用心去關切你面前的這個人跟他的家庭，一直到他整個「人生」。

因為人這種生物，**對於在意、關心自己的人，相對的也容易推心置腹地回以在意與關心。**

20

成為「解決問題的使者」提出商品方案

業務的本質為何？就是**藉由「販售」的行為去解決客戶的「人生問題」**。如果不能解決客戶的問題，基本上不能算是成功的業務。

如果在客戶的問題沒能獲得解決改善的情況下推銷，這也還算停留在「強迫推銷」的範圍內。如果變成只考慮業務員的績效，成為強力推銷型的「拜託購買」型態，那還不如趕緊停止這種造成別人困擾的行為。

假如將沒有需求的商品，以半強迫性的販售、死纏爛打的悲情拜訪、贈送讓人難以拒絕的高價禮品，這種讓客戶勉強地購買後卻會後悔的推銷方式，只會使社會無法抹去對業務員的負面印象，而這些謠傳影響，將會使得我們業務員的工作變得更加困難。

你是否可以挺著胸膛說，我解決了許多客戶的問題，使他們開心，對他們有貢獻，還被他們感謝呢？

或者是，只照顧賣方的情況，每天重複著睜一隻眼閉一隻眼地「妥協」，以賣方的利益為最優先，只重視績效的買賣呢？

如果，你所在的公司是不允許個人善意判斷的黑心企業，那明天就趕快辭職，早點回歸成「正直」的人吧！

因為將商品作為「解決方法」來販售，才是業務的真諦。

商機就從下述的話語之中開始：

「有沒有遇到什麼困難的事情呢？」

如果你沒辦法直接解決這個問題，可以運用你廣大的人脈網絡，介紹更優秀的業務員，成為連結人與人之間的「解決之鑰」也可行。如此一來，**今後便再也不用擔心潛在客戶的問題了**。

因此，如果你想拉開與同行之間的差距，比較聰明的辦法就是盡力的成為「解決問題的使者」。

無論何時何地都抱持著「解決！解決！解決問題！」的這份強烈的意志力，從事業務活動吧。

21

簡報就要成為「大娛樂家」

我喜歡的美國電影中，有一部叫做「大娛樂家(The Greatest Showman)」。「大娛樂家」是非常振奮人心、豪華壯麗的音樂劇電影。開場就是令人起一身雞皮疙瘩的華麗整齊的舞蹈。運用多樣化的表演及豐富動人的曲目來詮釋充滿戲劇性的故事，我全程都目不轉睛地盯著大螢幕。

傳達不在乎外觀及地位的「自然樣貌」，與堅持「做自己」的生活方式訊息的主題曲「This is me（這就是我）」，無論是誰都會覺得動人心弦吧。

為何這麼有魅力呢？請你去電影院觀賞，找出原因。

如果簡報能像「大娛樂家」一樣，那真是萬幸。

面對簡報的你，是否覺得興奮、雀躍不已呢？

當然，簡報必須迅速且流暢地進行，也務必在結束後留下餘韻。

也期待自然樣貌的你，做自己的你，可以將這種生活方式，像唱歌般的表現出來，如跳舞般的演出，述說自己對業務的期許，提醒其重要性，傳達其益處。

如同電影主題曲「This is me（這就是我）」，**「這就是我〇〇這個業務員」展出「音**

樂劇銷售」的模式。

在完全曝露自然樣貌的自我之前，是無法成為真正的「表演者」的，不夠爽朗的難為情，只會讓現場氣氛變得尷尬，對方會漸漸地疏遠離開。

簡報，正是一首「人生禮讚」。

最佳的簡報方式，就是完成可以被稱作簡報音樂劇電影的「作品」，請客戶欣賞。

講到這裡，你也該從無趣的簡報方式中畢業了。

明天開始，你就是大娛樂家了。

22

果敢地自曝「缺點」

任何商品一定都有其正面及負面，擁有優點也相對存在缺點。業務員中也有人覺得「沒理由特別去說明負面的事情」，所以存在絕對不提缺點、單純只宣揚優點的勇者。這種銷售手法，一般業績都不穩定，我見過太多因為這樣被淘汰掉的人。

古有明訓**「誠實是上策」**。真的是值得買的商品嗎？真的是可以滿足需求的商品嗎？現在真的是購買的最佳時機嗎？客戶當然享有知道「真實」的權利。

你該做的是「販售你的誠實」。誠實的你，販售用自己作為附加價值的優良商品，這種銷售手法才夠格稱為工作。但是經由你這位「優點魔人」，能夠將你的誠實傳達到客戶心中嗎？客戶會產生疑問。也就是說「很可疑」。

你是否都不正面回應客戶的問題？隨時都有一堆藉口可說？因為顧忌別人而變得寡言內向？如果有上述任何一項的情況，客戶也難以信任你這種看不透的人。

也就是說，**客戶喜歡直性子，表裡如一的人。**最終判斷的標準也不外乎你「有沒有說實話？」、「是不是不說謊的人？」當客戶直覺你似乎在隱瞞什麼的瞬間，他們可能會說「想看看其他公司的商品」，暫時不作出決定。

客戶也是被很會說話的業務員哄騙過的「受害者」，因為不想再後悔，所以對業務員所說的話，都養成了抱持著懷疑的態度的習慣。因此不斷地強調優點，反而更容易導致反效果。

總結來說，**提出2個以上的缺點，再補充1點非常好的優點，以約為「2比1的比例」引起化學反應，順勢提升好感及信任感。**

將優缺點都提出來一併說明的方法，也可以告訴客戶「這樣子，你也不用再拿其他的商品出來做比較了」。強調缺點的誠實對話，不僅可以緩和客戶的警戒心理，也能表現出業務員的「良心」。

23

相信「沒有不買的道理」再煽動一下

經常失敗的低業績者，心中的病魔是「成交恐懼症」。

眼見著潛在客戶一個一個的減少，沒辦法成交，只能持續不斷地進行簡報。

你是不是也一直在等待客戶說出「現在，我決定跟你買」這句令人舒爽的話？如果是，那應該每次都會聽到「我再考慮看看」，這個等同於時間一到，自動放棄的信號。永遠都是業績差的業務員。

而且，詢問買或不買，也是銷售業績差的業務員會做的行為。一般客戶的心理上，當被逼問起「你覺得怎樣呢？」的時候，「嗯…怎麼辦呢？再給我考慮一下」，本能地想將決定的時間展延。

這時要想成實際上他已經「默許」了。儘管客戶對於合約還沒OK，你自己把它解釋成已經OK了，就行了。

「建議的商品很合意」、「設定的價格也合理，可以接受」、「公司及品牌都沒問題」、

「也很欣賞你這位主辦」不就這些想法嗎？因此，**根本沒必要再確認一次客戶的想法。**

簡報結束後就急著問「有要買嗎？覺得怎樣啊？」**不要再用這類緊迫盯人的作法，跳過這個步驟，直接討論「簽約後」的事情就可以了。**

只要確定「交貨是在假日或平日，哪一天比較方便呢？」、「結帳是現金還是刷卡？」、「要增加那些附加事項呢？」這些就好了。「今天來的目的是，說明購買程序及幫忙結帳而已」，具備這種充滿自信的姿態，是絕對必要且不可或缺的。

然後，將合約書（紙本或行動裝置）靜靜的放到客戶面前，再**靜靜的遞筆給他**，就這樣簡單低調地簽約成交即可。

的確，眼前的這位客戶還沒說「我要買」，但是貫徹「默許」的精神，從旁稍加煽動就是你的職責了。無論身處於任何艱難的場面，都要**抱持著深信「客戶沒有理由不跟我買」的絕對自信。**

客戶也一定會被你充滿自信、威風凜凜的態度所吸引。

24

在「最高潮」時悄悄地靈魂出竅

我們這個行業，在很久以前就有一條「黃金沉默」的理論。

意思就是，告誡業務員，在成約的階段裡說了太多話，反而會使客戶感到疑惑而導致失敗。是的，沉默是金。

簡報時若已經用盡所有話術及招式，最好不要再往上堆疊。因為，客戶可能因此產生多餘的混亂而感到迷惘。

所以，**到達最高潮的時候，平靜地提供客戶「思考的時間」**。這個時候，只需要安靜地等待。直到客戶開口說話為止，絕對不要先說話。

就好像夫妻之間的吵架一樣，彼此猛烈爭吵戰鬥之後，疲累了。隨後是漫長的沉默，這時候先開口的人，通常就是輸家，一般先開口的都會使用「妥協退讓的話語」或「道歉的話語」。有趣的是，業務的戰線上也可是同樣道理。

歷經沉默之後，客戶所說的第一句話，通常是善意的（黃金）。

假如客戶的決定權為複數，如夫妻或家人親友的情況下，短暫離開一下座位也會很有效。

譬如，**「可以借用一下洗手間嗎」**，製造出相關人員可以私下討論的時間。經費問題或家庭內的事情等等，考量到並創造出能讓他們方便討論那些在外人面前不方便討論的事也是有其必要性的。

回到座位後，客戶可能已經有了結論，可能會更進一步地詢問也不在少數。就當成負面的「運氣」已經被馬桶沖走了，用爽快的笑容、清新的心情來面對最後的回合。其他像**「不好意思，我可以打一通緊急的電話嗎？」**獲得允許後，先到外面去也無妨。

更或許，在沉默之中，翻閱自己的記事本，擺出「你們說什麼我都聽不見」，像是在發呆般的姿態，醞釀出讓眼前的人容易交談的氣氛，當然這個需要高度的技巧。

是的，**就是悄悄的「靈魂出竅」**。

25

成交後2週以內進行「Review」

最讓人厭惡的業務員就是，簽完約後就對客戶失去興趣，不再關心，完全的售後不理，再也不去拜訪的「勢利眼的傢伙」。

這樣當初相信有誠實的售後服務，而簽約購買的客戶就可憐到想哭了。釣上來的魚就不餵餌，實在是很卑劣的行為，當然客戶也會覺得被背叛了。

可是，**類似這種「背叛行為」，在業務的世界裡不算稀罕。這也是社會上對業務員的普遍觀感。**

不管業務員如何費勁地說明，客戶仍然不願做決定的原因，也正是覺得「反正只是嘴上說說罷了」。

那麼，在變換這個立場的情況下，就是**領先其他業務員一大截的機會**，不是嗎？

「我不是售後不理的那種不負責任的業務員喔！」**必須藉由具體的行動來證明**，光憑嘴巴說說是沒辦法贏得信任的，只能靠「行動」。所以**合約簽訂後「沒有例外」的針對所有客戶在2週以內「二度訪問」，並進行「Review」**。

Review 有複習、檢查、講評、報告、評價、回顧、批評、觀察、評論、審查、意見、調查等意思。

日後安定下來時，再確認合約內容或不清楚的地方，附加服務或選配等加以解說、針對難懂的條款給予說明、缺件或故障的處理、針對合約前未能詳細說明的部分加以補充，再一次仔細地確認合約的內容，更能加深客戶的理解。

期待你能做到可從客戶口中說出，「從來沒有這麼優秀的業務員」這種評價的水準。

只要能達成這項要求，**不僅信任感大增，獲得介紹及追加合約也變得容易。**

明天開始的你，不單只是業務員，還是位誠心誠意關注客戶的**自稱為「Reviewer」的人物。**

第2章

Actions
－鬼戰術－

有兩種人絕對無法出人頭地：
一種是完成不了被要求的事情的人；
另一種是只會做被要求的事情的人。

安德魯・卡內基

抱著最好的希望，做好最壞的準備。

傑佛瑞・貝佐斯

面對可怕的事物時，閉上了眼睛所以覺得可怕；
睜開眼睛再仔細看看，哪裡有可怕的東西呢。

黑澤明

26

用理念將所有人「洗腦」

我本身沒有宗教信仰，但是周遭的人看到我過於熱心的工作態度與方式，便戲稱我為「早川教」的教主。

我個人是將它解釋為褒獎，證明我熱情的理念有被廣泛地傳播出去，我想**業務的原點，正是傳播這份「理念」的佈教活動。**

自己為何從事這份工作？為何而推銷？為何去拜訪客戶？又為何來到這個世上？又為何死去？不將這些事認真地傳達，就不能持續地獲得客戶的光顧。

對於我的「理念」，如有人嗤之以鼻地覺得那只是些漂亮話，不管他是誰，我真的會十分憤怒。除了自尊心受到傷害之外，還得向對方諂媚地低頭，那麼就得面對愈來愈悲慘的人生了。

拋棄「尊嚴」的同時，自信也會應聲崩潰吧？覺得世上沒有比自己更弱小、卑微不可靠的業務員了。說真的，沒有人會願意接近散發負能量的業務員。

如果你的理念是真實的，除了心術不正及心眼壞的人以外，都不會被瞧不起。因為它真實，根本沒辦法否認。

換個立場來看，你應該也是這樣想的吧。

一個認真的人讓人比較容易接受跟支持，另一方面，半吊子又輕薄的人，總會讓人想作弄他，更不可能向他購買貴重的物品。

客戶都不斷地在觀察你，**你是否有「理念」？是否有操守（清高）？**只有真誠地貫徹理念的業務員，才能保持好業績。

重複不斷地自我洗腦，才是成為不屈不撓的業務員的王道。

實行「佈教業務活動」之後的結果便是，如果成交者（＝信徒）暴增、在公司內的評價也會提高、邁向高升之路，升官後收入也穩定，社會地位也將隨之提高。

當然家人也會開心，對你的觀感也提升，如此一來，家庭和樂圓滿，你也是每天幸福快樂。

有道是，**信我者得永生。**

27

將願景作為口號成為「口頭禪」

經過「理念＝應該要有的樣貌」的洗腦之後，下一步是把「願景」變成口頭禪。願景應該不用多作解釋，就是你**「想要變成的樣貌」**。

將「我的未來要變成這樣」，這種正面的願景作為口號，進一步成為「口頭禪」。今後所有的活動都只使用**「開創幸福未來的話語」**。

例如，我擔任外資系壽險的名古屋分店長時，提出「獲得10冠王，成為外資系壽險分店第一名」的願景，並將它變成口號。從早到晚「10冠王」、「10冠王」、「10冠王」地呼喊，甚至製作成「10冠王海報」貼在分店內。

後來呢，原本弱小、吊車尾的我的分店，終於在全國評比之中，拿下了10個主要項目的第一名。項目名稱分別為，目標達成率、轉換後保費收入、合約數量、個人績效、MDRT會員數、得獎者佔有率、人員數量、銷售業績、全部都是第一，而且，與第二名成績的差距相當大。

現在，回想起來就是當時將願景作為口號的緣故，**變成了業務員的口頭禪，語言的威力，奇蹟似地暴增了100倍**。

語言擁有正面的力量，同時也有負面的力量，而且，口中說出的話也有可能使你業務員的人生產生180度的轉變。因此，絕對不要使用正面話語以外的言語。

特別要注意的是負面言語會逐漸地變嚴重，「不祥的預感」或「觸霉頭的事」也都不要說出口，只要從口中說出來，這些可能就會反映到你的潛意識當中，誘發出「最壞的情況」，千萬要小心。

每次不小心說出負面話語的時候，讓自己發生不幸的「行動」就開始了。

跟會說客戶壞話之類的負能量同事來往，就會降低原動力；每天只會毀謗中傷公司，就會損害自己的信譽，從而導致降職；跟傳言不乾淨的公司往來又被牽連，那就可能會失去工作。

如上述一般，負面語言的威力，不僅會使你的業績停滯不前，也會讓你直接衝向不幸的人生。

28

銷售之前先完全地說服「自己本身」

時常擔任面試官的我，曾問過「你覺得要說服別人的時候，最重要的要點是什麼？請列舉3個」。

然而，儘管是有豐富業務經驗的應徵者，他們幾乎都沒能回答出核心的答案。常聽到的有「仔細聆聽」、「回應他的需求」、「將優點告訴他」等，都是些無關痛癢的要點。我在當時只覺得「真的是還沒開竅」，憑這種程度是不可能使固執的人改變心意的。

想要說服客戶，想讓客戶重新考慮，想改變客戶堅持己見、頑固的觀念，如果有認真的想做這些事的意願，**在說服客戶之前，先完全地說服自己本身**。

說起來，自己不合意的東西，自己不喜歡的東西，自己不覺得優良的東西，都無法真心地推薦給別人吧。**用冷漠的態度來推銷，是瞞不過明智的客戶的**。

稍微覺得有哪裡不對勁，就會做出「沒有什麼感覺，不買」的判斷。「如果是最合理價格、有名的廠牌、人氣超高、最優良的商品，就會賣得很好了……」，找這樣藉口的業務員，只是將自己的無能暴露出來而已。

這種**不管是誰，賣得掉的自然賣得出去之類的事情，根本就不能稱之為「銷售」**。有些商品原本單價就很高、沒名氣的廠商也會有品質良好的商品、沒人氣的東西也有人剛好合用。無論是哪種商品，儘管有很多缺點，但至少都應該會有一個「亮點」。

為了能夠滿懷自信地向客戶推銷，就要不斷地研究到自己能打從心底喜歡為止，找出這個商品的「賣點」。**不可或缺的是，要確信自己銷售的都是「最棒的商品」，對自己本身展開「銷售」**。

要完全地說服自己，「對客戶來說，我所經手的都是最棒的商品，沒能賣給你是件『壞事』，賣給你才是做『功德』」。

29

不單只賣商品 還要販售「人生」

失去幹勁的業務員會覺得，業務就是說明商品的特色及優點，然後販售給有需要的客戶的單純「作業」。如此一來，工作就一成不變，當然就覺得「無聊」。

業務員販售的東西，**不單只有「商品」，還要有「價值」**。

價值的高低也存在於客戶的數量。每一位客戶可能要求好幾種價值，業務員經手的商品及服務與之相乘，可以到無限大。

因此，營業活動變得單調？那絕不可能！每天應該是充滿了變化，多采多姿才是。幸福感也因人而異，健康、家庭、興趣、金錢、時間、名譽、人際關係等，重視的價值觀也各有不同。

然後，**每一個價值再擴大，商品機能上的價值本身雖不會變化，但「涵意」就使價值產生大量的改變**。憑你的努力，也可能擴張到無限大。

例如：販售豪華郵輪環遊世界的旅遊行程給剛退休的老夫妻。

他們夫妻兩人應該是，利用人生的晚年，在只有兩人的旅程中，抱持著相互感謝的心情，滋養年老的愛情，並留下美滿的回憶。

業務員的責任就是傳達這種飛機或火車所無法體驗到，而只有郵輪才可能的做得到的「價值」，**可以說是費盡苦思地將「人生回憶」中的一頁一頁販售出去。**

但也不能因此強加價值去推銷，那只會使其變成愚蠢的過度競爭下的產物而已。如果你看好的商品或方案剛好對客戶也是重要的，那就產生了名正言順而且非凡的價值，稍有偏差那就失去價值了。

能夠發掘出真正「價值中的價值」的業務員才屬於「勝利（價值*）組」。

我們業務員應該提供有助益於客戶完成人生夢想，並能使其非常滿意地買下來的商品，並將之訂為目標。

業務員是販售「人生」的工作。

*「勝利」與「價值」的日語發音相同。

30

將「負責人的附加價值」作為選項進行銷售

以前常有人說「雖然用商品勝過了競爭公司，但有一天會敗在商品上」。

對於只能仰賴商品的好壞來決定勝負的業務員來說，也只能不由自主地被性能優劣或價格競爭所攪亂，最後陷入僵局，他們的藉口也一貫的說是「商品的關係」。

但是，**單單只依靠商品品質，根本就無法增強業務員的實力。**「商品力愈強的廠商，『推銷力』愈弱」這種說法，在業務的世界裡已經是常識中的常識。

不能否認，商品的強大會有利有弊，商品力雖然可以帶來相當大的優勢，但並非絕對。

如果想不被時代潮流所牽引，或被其他公司的品牌力或定價所影響，保持住穩定的業績，就要像個業務員一樣，盡全力地把「自己本身作為最棒的商品」銷售出去。

重點在於自己這個「附加價值」可以賣到多好的價位？

業務員應該要販售「熱情」，販售「信賴」，販售「自身的魅力」。

與其耗時費勁地依靠無法掌控的商品，倒不如培育只要經由磨練，便可以獲得無窮優勢的「自己本身」，運用這個武器推銷，才是確實的捷徑。

對於附帶有自己本身這個最棒的「特約」或「選項」的商品，要抱持著別處絕對沒有賣的自信，相信商品有別處絕對找不到也買不到，物以稀為貴的價值。

你就要像這樣，提供自己本身的附加價值。**況且，你本身所提供的服務是「免費」**，負責的業務員所帶的附加價值愈高則CP值也愈高，那麼排隊的客戶就絡繹不絕了。

如果能使客戶覺得「都想交給你處理」，那麼商品本身的好壞或價格也不過就是最後的檢核罷了。

獨一無二，最佳的商品就是「你自己」。

31

以SNS為信號提高預估「流動率」

對業務員來說，必不可缺的行動特質就跟優秀的運動員相同：「速度與補給」。例如，自己的行為出現了消極的跡象時，**只有能立刻發覺，猛踩油門提高速度的業務員才能勝出**，是純粹的挑戰者體質。

低業績者絕對不是能力「薄弱」，只是行動「緩慢」而已。高業績者1個月可以達成的目標，低業績者花了兩個月的時間，一個禮拜就可以做完的工作，則拖拖拉拉的做了兩個禮拜。

阻礙你的，是看不見本質的恐懼感，以及盡力的不想被拒絕，追求這種慎重又懦弱的「被動式推銷」。

凡事都只想要拖延，今天可以撥的電話也想明天再打，本週可以去的拜訪也想拖到下週處理，只要有機會就先拖延下去，最後演變到連推銷都不想做，甚至覺得對方是恐怖的幽靈，那事情就更嚴重了。會變成「不想讓他覺得我很囉唆，下次再做吧！」一直猶豫不決地迴避。

如此一來，不僅是失去重要的客戶而已，也不知道要經過多久才能進入「Next」，完全沒有「流動率」，最糟糕的是，還自認為自己是會照顧別人的「誠實的業務員」。

想成為業績良好，不被拒絕的業務員，就必須提高效率，眼前該做的事，用最短的時間，盡快地將它完成。沒有要論及成功失敗、是非好壞的意思。原本不行的東西，不管誰做都是不行。

速度解決之後的口號，「來吧，Next！」、「Re-Start！」。

當今的時代，「Speed，Next，Start」，「SNS」是很重要的事。

所有商業收益的重要因素是 Speed 跟流動率，銷售程序也必須有 Speed 跟流動率。

沒有先關上一扇扇的門，另外的一扇扇窗也不會開啟。

利用速度與補給的做法，依序地完成工作。

為了打開另一扇「通往未來的門」。

32

製作「失敗名單」每半年前去拜訪

只要利用已經**被科學證實的「失敗為成功之母」**為準則，**「被拒絕的勇氣」就可以簡單地湧現出來。**

有一個絕對條件，就是在最後跟客戶道別時一定要提出**「那麼半年後再來拜訪一次，好嗎？」**

以壽險為例，根據某公司收集的龐大數據統計顯示，**拒絕的客戶中有１５％的比例，會在「半年後的回訪」中成交。**

如果將拒絕的客戶當成分母，可以計算出１００人中會有15人可以成交，那麼２００人之中有30人，１０００人就有１５０人，如果被２０００人拒絕過，那麼就會有３００個新客戶產生。所以，**將被拒絕過的潛在客戶，從名單上刪除是不是有點可惜？**

無庸置疑，相信有很多人也是「積極地實行回訪」，但我猜想，除了難應付的客戶以外，全是憑感覺再偶然想起來，或者是需要業績的時候，去安排一下的這種拜訪吧！

但是呢，隨興地在2個月後拜訪，只會被嫌「你很煩耶！」而已，而2年之後再拜訪的話，可能會被問「你是那個誰啊？」或者「我買別家公司的產品了」。正因為如此，希望大家能把對所有拒絕過的客戶的回訪，都訂在「半年後」。

經過了半年，環境當然也會有所變化。可能是「已經結婚了」、「家中有些變故」、「升等加薪了」、「忙完了，有時間考慮了」、「熟識的業務負責人突然離職了」等，人生真的是充滿了變化。

雖然期盼這半年後的「成交機會」，但也要覺悟到可能是失敗的結局。

戰術上來說，必須徹底地管理「被拒絕的客戶名單」，建構定期訪問的系統。如此不就形同於，**被拒絕的次數愈多，客戶愈是逐步增加的情況。**重要的是「暫時先讓他拒絕」的這件事。

那麼就用力的失敗吧，這樣一來，也就沒有什麼好怕的了。

33

成為超越期待的「勤勉男」、「勤勉女」

舉例說明適合當業務的人時，我常常會說「像女性般的男性，像男性般的女性最好」。也就是說，**男性的「剛毅大膽」及女性的「體貼細膩」，兩者並存的人**最好。

這裡所說的「細膩」是強調其「勤勉」而非純真。沒錯，大膽積極在某些時候是重要的特質，但想確實緊緊地抓住客戶的心，唯有「勤勉」做得到。

順便提一下，我的本名是「早川勝（MASARU）」，但大家都稱我為「早川マメる*」。是的，我就是這般的勤勉。憑著這份「勤勉」，在我業務員生涯當中，獲得了無以計數的優勢。

有3個要點來認定勤勉度。

第一個是忠誠度，第二是反應速度，第三是讀心術。

「忠誠度」指的是「不管你說的要求有多麼的任性，我都會聽」的態度。

實際上，沒有理由要什麼都聽，也許根本不該聽，但這就是業務員，始終表現出衷心欽佩的態度，用盡全力的回應需求，為的就是取得客戶的信任。

「反應速度」指的是，面對問題進行快速的反應，以及之後的一連串行動。

最令人厭惡的不外乎是「只出一張嘴的業務員」，而想否認，也只能用行動來證明。反正就是立即地找出答案，遇到失敗就立刻補救，怨言和不滿都能真摯地回應。

「讀心術」就是時常的去揣測、解讀客戶的思維以及他所期待的事物，並養成一種習慣。正中下懷的「搶先一步、搶先一步……」，這種理解力才是勤勉男、勤勉女的真髓。

體認上述3個要點，該如何提升客戶的「期待值」，全看實踐的程度。隨著提升的比例，你的業績也會不斷地成長。

能夠說出「都做到這個程度了，應該就無法拒絕了吧」，也就能成為真正的「勤勉男」、「勤勉女」了。

＊取其讀音相近的綽號。MAMERU＝マメる，マメ＝勤勉，＋る變動詞，暗喻異常勤勉的意思。

34

積極地撒嬌
形成「相互扶持」的關係

最近年輕的業務員都不擅長「撒嬌」，總是有點客套地保持距離。但是這樣一來就沒有跟客戶建立真正的信任關係。

可以撒嬌的這層交情是**承認對方的存在，自己也能說出心裡話的關係**。因此，對客戶撒嬌的這個行為，**需要擁有某種「自信」**。

撒嬌不是弱小的舉止，倒不如說，想撒嬌卻又不能撒嬌的反而顯得弱小。其實任誰都想在客戶面前無拘無束，因為那才是原始自然的樣貌。

有名的成功法則說「Give and Give 的精神很重要，所以不可要求回報」。我也非常認同。但再**更進一步發展的客戶關係，是想將 Give and Take 的「Take」放到前面**。

甜美的 Take and Give 比較好。這樣才是將業務活動當成日常去享受的真諦。

彼此之間的 Take and Give 持續發展下去，就會形成「相互扶持的信任關係」。與以相互體諒、互相幫助為前題的這種美好關係相較之下，**撒嬌與被撒嬌的這種看起來有點**

難為情的「相互扶持」的關係，才真的稱得上大人之間的信任關係。

因此，無法撒嬌的客戶，就是你們之間的關係「尚未成熟」的證據。

在好的動機上，充分利用客戶這個態度也不壞。面對對方的撒嬌相對的也必須能接受，如果有感到不舒服，那麼真正的信任關係也就不成立了，會變成以自我為中心的做法。

相信「依賴是懦弱的徵兆」凡事硬撐的你，不要客氣！跟客戶撒嬌一下，呈現另一部分的人格特質，**順應客戶的善意，依賴客戶也是重要的能力**。

手頭緊的時候，厚臉皮地讓客戶請一下也無妨，不是嗎？

遇上困難的時候，也可以跑到客戶那邊，問問意見請教一下。

人手不夠的時候，叫客戶過來幫個忙也沒關係吧。

客戶跟你來往，或許是期待你能有所貢獻，那也無妨，誠實地面對自己的需求，跟客戶一起分享「撒嬌的接傳球」即可。

經由這樣的做法，**建立起與客戶之間的「大人的友誼」**。

35

別融入「氣氛」

氣氛不是用來感覺的東西。氣氛是自己創造出來的。

當然並不是否定「關心及留意周遭的人事物是非常重要的」這件事。對周遭的人事物當然要關懷，但是過度在意不要破壞氣氛的這件事，卻常在不經意地扼殺了自我。

為什麼你要一直配合周遭的發言節奏，維持著被動的姿態，不吭聲地保持忍耐呢？

也許好處是，將「營造氣氛」委託給周遭的人，不想負責任的態度。

這是一種把責任都推給別人，自己不需承擔任何風險，狡猾的生存方式。

但對周遭的關懷若超越了「單純的客氣」，變成「無擔當的全責委託」，這樣實在是有點難看了。

所以在營造氣氛時，請「置身其中」。這也可以稱之為領導能力。這種可以**自己率先營造氣氛的人物，容易吸引別人靠近**。因此，也會將客戶吸引過來。

我真的不懂，怎麼能讓自己像空氣一樣，完全地抹滅存在感？業務員，就是要引人注意的啊！

對周遭的人事物也不必太過客套，也不需融入那個氣氛當中。

創造出自己覺得「舒適的」氣氛就好了。

人如果常處於混濁的、呆滯的、令人窒息的氣氛之中，那麼你做為業務員的人生就等著「窒息而死」吧。

現在開始就別再融入「氣氛」了，當個「不解風情的善良之人」也不錯。

希望你要把握住以自己為中心的舒適氣氛。

如果你強烈地覺得「我就是世界的中心」，那還有什麼是需要客氣的呢？

唯有極端不解風情的人，才能升格到幸福的業務員這個領域。

盡情地「在世界的中心呼喊『I』吧！」

36

別「過度禮貌」自然就好

我絲毫沒有要高高在上地指責「最近的年輕人都不知道禮貌性用語用法」的意思。但是，**能夠使用正確用語的年輕上班族的確也少見，有不少搞錯用法的業務員，反而對業務的進行造成反效果。**

也有業務員使用類似「麻煩請幫我在這裡簽名」，這種錯誤的用語。「麻煩請」再加上「幫我」反而顯得冗辭贅字，不知到底有沒有搞懂，不假思索的就脫口而出。

「我期待與您再聯繫，歡迎致電給我」這樣也是錯誤的說法。因為用了「致電」而造成客戶感到被降格，是失禮的行為。正確的說法，應該要用「我期待您撥冗來電」。

類似的例子不勝枚舉，要求年輕的他們立刻糾正是有點困難，但是從客戶的角度看來，若被認為「沒常識」、「沒教養」、「沒經驗」，就嚴重扣分了。

因此，**從一開始就無需要求自己，勉強地「過度禮貌」**。

不過，直接跟客戶「太口語」地交談也不太好，所以用最基本的禮貌性用語，就可以了。**其**

實，過於謙恭不只給人生疏的感覺，更有可能給予做作、假掰，產生厭惡的印象，更糟糕的是，感到與客戶之間有遙遠的距離。

使用這種「您想怎麼做呢？」、「您要不要吃呢？」、「您想要哪一個呢？」的親切問法就好了。語尾加上「對吧」或「唷」、「喔」也很好。這樣子損害信任感的風險也低，也可以輕鬆自在的對應。

雖說禮多人不怪，但輕鬆交談就好。今後就將過多的禮貌性用語封印起來，放鬆肩膀的力氣，輕鬆地享受交際的樂趣。

37

別「裝模作樣」要暴露弱點

除釋迦牟尼和甘地等偉人聖人之外，當今世上可以說已不存在完美的人。如果你覺得周遭有許多完美的人，那不過是你的自卑感所引起的錯覺罷了。

差不多也該將「扮演完美的人」的這件事停止了。你只是被完美主義的幽靈附身而已，愈想達到完美的境界，客戶就離你愈遠。

虛張聲勢，逞強硬撐只會讓你疲累，早晚會露出破綻，客戶也會清楚地察覺，這個終歸是無法隱瞞的事情。

沉溺於「裝模作樣」的世界裡的業務員只能說是滑稽，裝作無懈可擊的你，是不可能打開客戶心扉的。

如果想跟客戶建立更親密的關係，不如直接露出破綻，暴露自己的缺點，多增加點粉絲。

有時候將自己失敗的經驗，當成笑話談論也是很有人情味的事情。向客戶打聽不知道的消息、自己不會的事也可以拜託幫忙、偶爾在客戶面前流下懺悔，或感動的淚水也不是壞事。

業務員也是有血有淚的普通人，直接秀出凡人的樣貌也無妨。**人都喜歡跟耿直純樸的人交往，而城府深、裝腔作勢的人就難以打開心扉**。

我就這樣活了半個世紀，也是個全身弱點而不成熟的人。所以，「反早川聯盟」的人相當多，還好支持我的朋友也不少。

我原本就沒有期待所有的人都會支持我。努力地讓自己成為百分百不被討厭、完美的業務員之後，回過頭來只會發現應援團已空無一人。**只想著不要被討厭、不要被討厭這樣子過生活，可能真的不被人討厭，結果也變成沒有人喜歡**。

所以隨遇而安吧，公開所有的弱點，成為一個不說謊、不隱瞞的業務員，才是客戶所欣賞的！

38

任性地認定「只需再進一步」

不少業務員都壓抑自我，如同奴隸一樣不斷的「好的、好的」去迎合，拼命地去滿足客戶的要求，但是若沒有捨棄掉「想討人喜歡」的自我，事實上是不會被客戶所歡迎。

面對客戶提出的過分要求或做出不合理的舉動時，以「還好啦！這種事經常發生」，**始終自然而然的接受，並擺出可以再進一步的態勢，或許可以造就相當大的成果。**

但抱持著業務員的尊嚴將自己的意見主張提出來，難免會遇上對方強烈的反彈。但能否接受這種抵抗，就是業務員精神最佳的試金石。以寬大的胸襟接受這些齟齬，慢慢地把彼此之間「誤解的碎片」修補起來，這才是頂尖業務員的精華所在。

從不壓抑自我的暢所欲言，不再扮演濫好人開始，才真正能夠讓對方欣賞、喜歡。也就是**沒有罪惡感的糾結、沒有矛盾的狀態**。這種處於均衡平穩狀態下的業務員，自然能得到客戶的歡迎。

客戶基本上喜歡「容易瞭解的業務員」。而受歡迎的業務員與不受歡迎的業務員之間的差異，其實只是誠實或虛偽的差別而已。

所以不要再繼續扮演「好人」了。讓我們**丟棄、驅逐自己心中所認為的「好人」**。希望能做到不努力討好對方，保持原始的自我，說出自認為正確的事情，以如果被「討厭也不要緊」的態度去應對。

明天起的你，雖然放棄了一味獲得對方認同的努力，但卻能獲得更多人的認同。

因此，**「任性」就可以了**。事實上，原本就是希望業務員以正直自在地「大人的任性」生活下去。

成功的訣竅，**比起選擇消極的不被討厭，不如選擇被討厭也沒關係的積極性，「再進一步」的勇敢前進**。

39

「賣給你」就好
不需要卑屈點頭哈腰的諂媚

假設有一間醫院，裡面的醫生都是一直點頭哈腰，「像業務員一樣」，你會想找他們幫你診療嗎？

滿懷笑容、親切和藹地「謝謝光臨」、「請多指教」地以低姿態應對，還推薦檢查跟藥方的醫生，你能相信他們嗎？

如同病人**不會找這種點頭哈腰、諂媚型的醫生看診，客戶也不會想跟諂媚型的業務員購買商品**。真正應該鞠躬道謝的是病患（客戶）才對。醫生只需說「請保重」一句話就夠了。

對醫生而言，原本就是以「治療」為目的＝工作，而我們業務員，「販售」就是目的＝工作。

醫生原本就是為了救助因生病或受傷而痛苦的病患，以「替你治療」的這種使命感而工作，也就是「治好你」。

業務員的使命也很簡單，就是「賣給你」。**「為了你好，所以賣給你」**。**「希望你來買」的態度會讓客戶產生不信任感，相反的「賣給你」的態度，則可以提升信用感**。所以今天開始改掉「希望你來買」這種諂媚型的銷售方式，貫徹「賣給你」這種正當的任務吧。

雖是這麼說，也並不是要你用「了不起」的姿態去接待客戶。對客戶而言殷勤的照顧和基本的禮貌都是必要的，但是點頭哈腰卑屈的諂媚就不必了。

雖然是收取金錢的「商業行為」，但若表現出像醫生說「請保重」一樣理所當然的態度，反而較容易獲得信任。展現善意的權威感對客戶而言，反而能產生「可以信賴的人」的安心感。

最後業務員「販售的東西」到底是什麼？

答案可以是，舒適感、滿足感、解決問題的方式、方便性、安心感、幸福感、「人生的夢想」。

而「出售諂媚」就完全沒有必要了。

40

盡全力扮演好「搶手業務員」的角色

當客戶對你說「希望你一直都負責我的項目」，那真可以說是業務員最大的善報，是以前的辛苦努力得到回饋、最幸福的瞬間。

客戶都期望中意的業務員沒有離職、合約簽訂後也都有售後服務、諮詢也都能親自到場，因為**客戶從購買產品的瞬間就成為弱勢，唯有仰賴業務員。**

另一方面也擔心售後不理、翻臉不認人的情況。那是因為曾經遇過幾次，做出「背信行為」的業務員，也就是說售出商品後人就消失了。

所以，**客戶在購買前的最後階段，會將「這個負責的人是會立刻辭職的，還是會一直做下去的呢？」這個因素列入考量，**而且優先度相當高。

那麼客戶眼中的「不會離職的業務員」是什麼樣子呢？就是「搶手的業務員」。他們覺得，業績好的業務員是不會辭職的。直覺地認為，會辭職的原因都是因為「賣得不好」。

事實就是這樣沒錯，因為賣得不好所以就離職了。

而「搶手的業務員」還是「持續賣」，且愈賣愈好。

「賣得好所以賣得好」，**就是這樣簡捷有力的「真理」**。

那麼賣得不好的業務員有機會成為賣得好的業務員嗎？

有的，有辦法可以做到。只要扮演成客戶眼中「搶手的業務員」就可以了。只要持續「扮演」成業績好的業務員，某天就能成為真正「搶手的業務員」。

那麼具體來說，應該抱持著什麼樣的心態來行動呢？

告訴大家秘訣，首先要立下3個誓言。

「我會持續這份工作直到死亡」、**「我會一直守護著客戶」**、**「我會用整個生涯從事業務活動」**，這份確切的心意會將客戶吸引過來。

邊想著「有一天想辭職」邊工作的業務員，與「沒有辭職的那一天」樂在其中的業務員，你覺得客戶會選上哪一種？應該不用多講吧。

41

做不到的事情直接說「做不到」

輕易地做出承諾，也算是怯懦的業務員的特徵之一。

他們認為客戶就是神明，客戶的要求是絕對的，不管任何事一定承辦到底。**結果這種行為，卻慢慢地演變成自掐脖子的行為。**

做不到的事就是做不到，大家應該都明白這個道理，但為應付現場情況，一時興起的發言，卻被烙上了「不守信的業務員」、「不能信任、無能的業務員」的烙印。

就算竭盡全力達成了過度不合理的要求，但動用了周邊大量的人力及時間，最後的成果也毫無利益可言，這種狀況也可能發生。

不只如此，還可能換來客戶覺得速度太慢、費用過高等抱怨。所以說，盡力地完成客戶的要求這件事，根本就不划算。

其實大家也都清楚這些事情，沒效率又不划算，但身為好人的你卻無法拒絕客戶的要求。

我想大家可能對「顧客第一」、「以客為尊」等口號有些誤解。做不到的事，**就直接說「做不到」，認真地說，這類「膽識過人的業務員」才是真正重視客戶關係的人。**

客戶絕對不是神明，你也不會是神明，只是兩個不完美的普通人類。我有點囉嗦地再說一次，你們之間是對等的關係。

更可怕的是「輕易做出承諾」這件事如果再激進下去，你這個無法拒絕的弱點，便埋下了抵觸法規等不幸事件發生的可能性。

怯懦的人遇上這種「差不多這樣就可以了吧？」惡魔般的問題時，總是以「嗯…是、是的，應該還好吧…。」不確切地敷衍過去。**惡魔都愛好「懦弱」的事物，卑鄙的魔爪慣用的手法，都是從「懦弱的心」開始滲透侵蝕**，要小心提防。

提醒大家一點，我了解你是沒有惡意的，但是經常選擇方便簡單的途徑（不正當行為），就必須要覺悟到需要承擔的風險有多少。

到此我們就先來練習拒絕的詞語吧。

保護你自己的話語，只要一句「做不到」就可以了。

42

被客戶喜歡之前 繼續「喜歡」下去

你喜愛他人，他人就喜愛你。你討厭他人，他人就討厭你。這是人際關係的原則。

想被愛、想被更愛、單方面一直要求愛的人，最後都不會有人願意愛。

同樣的道理，想要關注、想要合約、想要支持、期待從客戶那邊可以獲得支援，最後你的期盼也不會有結果。

因此，你開始焦慮。焦慮到最後，就開始想辦法強取。

但是，客戶絕不會按照你的劇本配合演出。

如果你希望客戶能像中了魔法般，被人任意操作，唯一的方法就是讓客戶可以不使用常理對待你，讓他能夠「喜歡」你。

粉絲團的團長＝客戶一直不斷的增加的情況下，你就可以迎接業務員生涯的最高峰了。若是**達到「只要是你推薦的商品，不管是什麼全都買下來」這層關係**，這樣就連作夢都會笑了吧。

你可能偶爾也見過這種不停成長，令人羨慕的業務員吧！他們厲害的應該不只是知識豐富及技巧高超而已，因為只靠這些，是無法長期都一帆風順的安享業務員人生的。

被客戶喜歡的原因是他們「愛人的能力」。就是喜歡客戶的能力。

沒有主動的「喜歡」對方，對方是不可能喜歡自己的。所以，**被客戶喜歡之前要繼續的「喜歡」下去**。除此之外，沒有其他方法。

人從出生開始，就擁有「愛人的能力」。你也應該與生俱來就有愛人的能力，只是還沒充分的發揮出來。

那麼要怎麼做才能變成喜歡呢？這裡就傳授無論誰都能簡單學會的初級者篇給大家。

那就是**若無其事的告白**。不管哪種人至少都有一個讓人喜歡的地方。「蠻喜歡〇〇的這個地方」，像這樣直接從口中說來就可以了。不可思議的是即便是對方從來沒有留意過，也會開始覺得「啊，原來自己喜歡這個人」。

別不好意思，試著把「愛」從嘴巴說出來。

這樣下去，**你應該不難發現，你自己本身其實是「有愛的人」**。

43

偶爾撇開數據收集「感謝的心聲」

我擔任分店長時，被要求執行某分店的組織改組，我所開的第一刀是「不銷售也沒關係」的這個命令。提出「暫時先不要考慮提升業績這件事」的這項方針時，大家都瞪大眼睛愣在那裡。

特別是因為前分店長經常像魔鬼士官長般，以接近職場霸凌的方式恫嚇「數據！數據！」、「業績！業績！業績！」，相比之下更是造成相當大的衝擊。

聽到我的分店是「不銷售的指令」，也引起本部高層很緊張的打電話來問：「訂這樣胡搞的方針，真的沒問題嗎？」

對原本業績就不好的團隊來說，真的是「賭很大」。老實說，不再看數據也不追求日標，是不是更助長了懦弱的業務員？我自己也非常擔心。

但我絲毫不猶豫的要求，所有的動作都要先將**「如何做才能得到客戶的感謝？」**這件事放在心中。

不做數據的評比，而是比誰能收集到比較多的「謝謝」。每天早上在朝會騰出時間公布，也讓大家一起分享心得。廢除掉業務會議，用「感謝的研討會」來取代，呈現出異常熱絡的景象。

這種強烈的意識灌輸奏效後，也將「收集感謝的業務」變成了團隊的一個新文化。然後，「成果」真的隨後便展現出來。如同烏雲突然間散去，見到一整片晴朗的青空一般，分店內的景色煥然一新。「不銷售的意識改革」算是成功了。

雖然說是改革，事實上他們並沒有做很大的改變，**只是他們注意到了重要的事情**。成為優秀的業務員必備的條件，就是**心懷「善意」、用心對待客戶，這才是最最重要的「業務工具」**。

如果你覺得這句話聽起來只是飄渺的漂亮話，接下來你的一生應該也沒辦法改善原始的狩獵式業務方法。

或許有那麼一天，獵獲的獵物過期發臭了，你就不得不面臨飢餓的時期。

期盼你終有一天可以想起「感謝的心聲」這件事，它能夠拯救你。

營業の鬼 100 則

44

先給客戶「讓他贏」

我在外商系壽險從事業務時，營業成績的指標稱為「ＳＡＰ」。「修正（Syuusei）Annualized Premium」的縮寫，用來計算提成制的一個數值。評比表揚、升級查核也都以「ＳＡＰ」為基準。

這是個完全看結果的世界。業務員們為了多獲得「Premium（保險費）」，不分日夜地繁忙奔走，但我將「ＳＡＰ」稱呼為「給予幸福的點數」。

不單純的以販售業績數值看待，而是解釋成**「給予客戶幸福多寡」的數值。「必勝」的意思，並非「必定取勝」而是「必定讓他取勝」**。

這份信念帶給了我最大、最佳的動機，當然，「ＳＡＰ」也帶來了我人生的「幸福點數」。

無論是以「想要出人頭地」的這種野心，或「想要增加收入」的這種金錢主義來從事業務，能夠獲得的成果都不過是暫時的。只著眼於眼前的競爭或酬勞，不斷地勞心勞神導致筋疲力盡，最後心力交瘁。

確實，為達成目標，奮發努力，有堅忍不拔的氣魄，不是件壞事，我也沒有要完全否定這種態度。只是要提醒一下，所有的目標都「只是為自己好」的業務員，客戶是沒有辦法信任你的。

能夠對客戶**提供超越期待的體貼、隨時隨地都可以先給予、讓他贏的這種處世方式，最後一定會得到非常大的回饋。**

但是千萬別指望立刻會得到回報，**要做好心理建設，不可以期待回報，**就算不曉得何時才能得到客戶的回饋也不可以懈怠。

也許是對方沒能直接回饋給你，而是兜個圈子從別人那邊獲得一些好處也說不定。又或是過了段時間，都快忘記的時候才出現也有可能。你的勝利有時難免姍姍來遲。

相信「有一天會回來」，不間斷地給予。確信這件事的人，才能獲得貨真價實的「SAP」。

45

先「想像」銷售程序的下兩個步驟

相信有不少業績持續低迷的業務員都被「不經意地都往壞的方向想，覺得不安心」這種負面思考所苦惱。

他們不擅長**在心中先描繪出「理想的進行式」**。

不管我怎樣地建議「要想像得多麼美好，都是你的自由」，他們還是沒辦法從負面思考的牢獄中脫離。

藉這個機會，將我珍藏的**「飛躍式想像」**傳授給各位。

例如，在諮詢和喚起需求的第一步驟時，就想像第二步驟的說明會成功的畫面，到了第二步驟時就想像第三步驟中簡報或簽約的畫面。以此類推，試著先想像出下一個步驟的畫面。

按照這樣，想像出目標的前1步或2步，甚至3步都沒問題的時候，所有的程序都會順利的運行。那麼，就恣意的描繪出完成目標是理所當然中的理所當然，這類自己所想要的畫面吧，**客戶自然會被你「理所當然的想像力」吸引過來**。

人都有下意識迴避壓力的習性。客戶如果反駁業務員所深信不疑的事情，將會變成一股壓力，因此會本能地迴避這股壓力。也就是說，**內心會想索性地接受，如此一來就會變得輕鬆**。

沒錯，意念愈強的人賣得愈長久。藉由「美好的願景」在腦中已經成功過一次了，這時「經驗」就成為現實世界中功能強大的導航器。**將腦中預習過「結果」在現實的世界再達成一次**。

而且，可以享受到兩次衝破終點線的快感。成功的關鍵在於第一次想像「美好願景」的成就感時，真實度的含量有多少？

處於將虛擬的世界轉化到現實世界的**「虛擬現實」**時，必須要不停地、不斷地想像。

希望你也可以成為「飛躍式想像的達人」，**發揮無以倫比的想像力**。

46

揭開「感動劇場」的序幕

請十二分地發揮你的「粗俗」與「原始人性」。

目標是最極致的「感動銷售」。如前章所述，你所銷售的並非「商品」，在具備了銷售出「自己這個負責人」、「人生的價值」的能力之後，下一個階段要銷售的，就是「感動」。

如果商談的場所充滿了感動的淚水，那就可以說是非常成功了。

為達成這個目的，就必須要取得同感，「傳達想法」的態度也很重要。

首先第一件事，如果客戶已經流出眼淚了，你也要跟著流淚。「同感」是必要的，你先流淚也可以，不，倒不如是這樣更好。

傳達想法的同時，可以**開始談自己「自身的故事」**。自己出生時的小秘密、生長的環境、小時候的回憶、青少年時與父母之間的衝突摩擦、祖父母過世時的失落感、第一個小孩誕生時的感激、對你另一半的深厚愛情。

不只是對客戶的感覺，對自家人的感情都可以不需客套地表達出來。

藉由這款滿懷情感的**自我開示後，「感動劇場」的帷幕就可以揭開了**。

但是，在開幕的階段就開始推銷商品，只能直接出局了。簡報促銷要等到「感動劇場」來到高潮的時候才能進行。

絕不強制地出售商品，**讓兩個人之間產生共鳴，相互談論家族之愛，一直到被說「從來沒有哭成這樣」為止，徹底地「出售感動」**。

光會說明商品的業務員，太過於理智，跟舞台上沒辦法融入感情、演技拙劣的演員沒什麼兩樣。雖然說是演戲，但是絕對不可以造假，要從內心誠摯的表達。

即使簽下了合約，也只能算是達到了中間的目標，還不能算是最後的終點。這是一個中繼點，也就是說現在站到了另一個新的起點。做為業務負責人該實行的責任，只算完成了一點點而已。

無論你是以哪種想法跟客戶交流，「這個想法」在一開始就必須讓客戶知道。

能夠真正讓客戶感動的業務員，才能讓客戶持續的任用。記住，並非用理智遊說，要從內心說服。

47

將販售範圍擴大到客戶的「鄰居」

這裡教大家一個可以簡單大量增加新的潛在客戶的獨門「妙計」。

拜訪客戶的地方，若是個人客戶，大多是自己家裡或公司，公司行號等法人則大多都在公司。

相信你在收到約會地點的通知後，應該都不會迷路，確實地把握地點，順利地到達指定的位置。

但應該偶爾也會站在巷道裡找不到路，到陌生的地方搞不清楚方向。這個時候，你是否會找附近的店家、當地的居民問一下路呢？

對，關鍵就在這裡，增加新客戶的妙計。**前去拜訪的地點位置知道個大概就行了，不需要很確定，到了附近再問店家「○○是不是住在這附近？」、「你知道○○公司怎麼走嗎？」**

如果在附近，那應該都會告訴你，就算不搭理你那也沒有關係。

真正的目的是在於製造一個拜訪客戶結束後，在回去的路上繞過去看看的理由。

「剛剛真是謝謝你了！托你的福，找到了去〇〇家的路所以順利準時的到達。」

「多虧你幫忙，馬上找到了〇〇公司，真是非常感謝！」

鞠躬道謝的同時遞出名片，「你好，我是某某某」自我介紹一下，製造出一個絕佳的契機。

這個時間點，雖然只是打個招呼而已，也算是有接觸過了。

那麼，當初你來拜訪的這個地方，日後還會再來幾次吧？依據銷售程序來推測，一般還會來個2、3次。售後服務的拜訪也應該都還會再來。

那麼，**下次有機會還會再來找你。**

如果適應了這種做法，開發新客戶的市場就逐漸地擴展開了。

趕快去試一下吧！

48

理直氣壯的「偷懶」

如果「想要再提高營業績效」，我想建議你要理直氣壯的偷懶。不管你是怎樣勇健的工作狂，持續不停地工作，終有一天還是會到達極限。

適當的時機放鬆一下，對於維持良好的業績有多麼重要，優秀的業務員都很清楚而且確實的執行。他們對於**偷懶這件事，完全沒有罪惡感，高調地遊樂、偷懶而不覺得內疚。**

也因此，在該做的時候就認真做，全神貫注的工作。

半吊子的業務員，如果染上了偷懶的習慣，就會變成拖拖拉拉，找到機會就偷懶一下，而且也不覺得自己沒用，**旁人也很難判斷他有在做事還是沒在做事**。

在居酒屋互舔傷口的聚會叫做「開會」、逛街說是「市場調查」、打瞌睡叫做「健康管理」、在咖啡店看漫畫叫「讀書」、打手遊叫做「訓練」、因宿醉不舒服請假叫「充電」，利用這種方式，巧妙的把自己的行為合理化。

這種做法是明顯的「自我欺騙」，重點在**解釋成「我自己在這段期間，真的是有在休養」，要不然就說不過去了**。

工作的時候，真的不要再做這類逃避現實的事情了。「嗯…下次放假要不要找個地方玩呢，周末找誰出來喝杯酒吧。話說回來，暑假的旅行要去哪邊啊？」像這樣，用目標轉移的方法來躲避原本的業務目的。要不然就是，在應當鬆口氣的休假當中，「怎麼辦，業績拉不上來。悔恨又被對手超越了。完了，這下又要被罵了。」懊惱著沒辦法發揮實力，不是嗎？如果都沒有讓自己的腦筋在放假時好好地休息，很容易就累積過多的壓力。

針對上述的情形，我必須說，**工作的時候忘掉休假的事情，休假的時候就忘掉工作的事情。**

一定要知道，理直氣壯的偷懶，才能夠產生真正的成果。

能夠取得開與關之間最佳平衡的業務員，無論在哪個時代，都能夠保持住高業績者的位置。

49

「適度的計畫」就夠了 總之先執行再說

沒有「計畫」，那就什麼都別想做了。相信計畫與目標有多麼重要不用我說吧！

不管計畫有多麼重要，有些人總會「這樣不妥，那樣也不好」，只在辦公桌前思索，不付諸行動。這樣真的很可惜。

我們是活在業務的世界裡的，因此，**完全按照計畫實現的計畫也很少見**，因為有個對手，稱為客戶，如果什麼事都能按照大腦想出來的計畫實現，也就不用那麼辛苦了。

所以也不怕你誤會，「計畫」這個東西「差不多」就行了。

首先，先運作看看，當沒辦法按照計畫實現的情況發生時，再「修訂計畫」就可以了。**不斷地修訂計畫、修訂計畫，修訂好再進行，可能會比較順暢**。

的確，理想的狀況是將周全的計畫徹底實現，不斷地更改計畫也可能導致迷失方向，最可怕的還是被計劃本身束縛、無法動彈。畢竟，業務員是講究「行動力」的行業。

還是你**將理想中的計畫看得太過長遠，也因此而動彈不得？**與其將目標訂得遙不可及而無法動彈，不如重新規畫成「可以運作的修訂計畫」。

其實，要達成那些太遙遠的計畫、解決被認為是無解的難題、脫離低迷的業績，這些問題的**提示都落在你的周遭！**

當今的時代，可以說是瞬息萬變，最新的資訊都以超快的速度傳播。你的知識及方法是不是都已經老舊生鏽了？新市場的擴展效率已經太低了？**現在也許是再一次分析最新的數據，做出正確的回顧的時機**。在嘆息自己業績沒辦法提升之前，先在附近找看看有無一些小的跡象線索。

如果「適度的計畫」失敗了，那就再整理出「適當的計畫」，一次兩次的重新整理、修訂，不斷地執行就好了。

50

以「娛樂性」演出鍛鍊搞笑技能

對我來說，最優先的事情，就是讓客戶開懷大笑。

基於讓客戶保持愉快心情的服務精神，常常當場就扮演起炒熱氣氛的藝人，因此，客戶都認為我是「有趣的人」、「很會說話的人」、「很有活力的人」。其實，你可能覺得意外，我小時候的評語是「很乖的小孩」、「認真的孩子」、「不太愛說話的小孩」。

所以呢，幽默感與卓越的說話技巧等都不是與生俱來的。青少年時期開始到現在，我都一直**努力地練習搞笑的說話技巧，不斷地改進自己**。

回想起來可以確定的是，**我愈是逗別人笑，成功的機會就愈常來拜訪的這件事實**。而因為一直都帶給客戶歡樂的緣故，也使我接二連三地得到了所有業績評比的獎項，獲得超快速的升職及加薪。可說是哈哈大笑地爬上了人生的舞臺。

逗別人笑的行為，也使得我的粉絲組成了更強健的應援團。相同的，業務是個靠人氣的買賣。成功的關鍵，取決於招募到的支持者人數的多寡。

當然，服務的精神不侷限於搞笑這個範圍，但是，如果沒有「希望大家開心」的這份「服務精神」，自己也得不到任何利益。

所以，你也可以從日常生活開始，**不只是「自己開心就好」，而是將「能夠讓別人也開心」這件事放在心上。**

如果擔心自己搞笑的技術不好，那麼試著讓自己先笑出來就行了。受到你的影響，眼前的客戶一定也會跟著笑起來，笑是會傳染的。

當你跟別人接觸的時候，也試著注意自己「我現在是否保持著微笑？」當你隨時都維持著笑臉，周遭也會跟著逐漸綻放笑容。

況且，客戶也很難捧著笑臉說「不要」的吧。

靠著我拚了老命扮演藝人這件事的幫助，平安地度過了數不清的試煉與困難，以及開心、幸福快樂的時光。

並非是因為開心所以會笑或逗別人笑，其實是因為自己笑也逗別人笑所以覺得開心。

第3章

Habits

－鬼習慣－

悲觀是一種感覺，
但是，樂觀是一種意志。

阿蘭（法國哲學家）

機會在突然之間到訪，在你猶豫之際消失無蹤。

落合信彥

苦痛不會消失而是不再苦痛。

荒了寬

51

坦率地模仿成為「模仿犯」

低業績者有一個共通的人格特質，那就是都是「固執的人」。從來不改變自己的銷售型態，一直用自己的方法研究摸索，像意氣用事般，無論如何都要繼續實行下去，而最重要的成果卻一直往下滑。

他們搞錯了**「意氣用事」與「奮發圖強」之間的不同。**不管有多聰明的頭腦，多麼能言善辯的口才，終究沒辦法邁向嶄新的行為模式。

必須要領悟到，單憑自己一個人的知識或技術已經不足夠了。

抱持著坦率的心境，從別人身上學習，試著以謙卑的態度仿效別人的作法。抱持著這種心態，才是搖身轉變為高業績者的捷徑。

坦白地說，容易成功的人，其人格特質通常是「熱情坦率的人」。坦率並不是單純的順從，而是指正面肯定的思考模式。**以你周遭熱情坦率的人為範本，用心去扮演，徹底地模仿。**

我建議你去崇拜一個成功且熱情坦率的人，盡可能的跟他在一起，從各種角度模仿對方，成為一個「善意的跟蹤狂」。

仔細觀察他的服裝儀容、言行舉止、禮節作風、打招呼的方式等日常生活的細節，仿效他的一舉一動，緊緊跟隨。不侷限於工作上的交流，最好是有相同的興趣嗜好、體育運動或志工服務等能夠共同參與的活動。

如果對方是不能共同度過時間的遙遠存在，那就在你想像的世界中也無妨。像是**「如果是他的話，面對這種場合時會怎麼做呢？」**以「他」為判斷的基準來決定言行舉止，也是一個可行的辦法。剛開始的時候，即使是虛構的人物也沒關係。只要隨時隨地將「模仿」這件事放在腦中，終有一天你也會搖身一變，成為「業績優秀且熱情的人」。

增強業務力的方法並非靠理論，而是「仿效的感受力」及「實行能力」。可能有人會不以為然地認為，想做自己所以「保持現狀不改變做法」。

這方面不用擔心。**當你複製完你所仰慕的那個人之後，下一步就要將它升級，成為「自己的風格」**。

大家應該都清楚，要緊的是發展出可以進步的獨特性。**不斷的追求青出於藍而勝於藍，才能獲得輝煌的成果**。

52

演講稿就是「鬼複製」

有些業務員似乎沒有認清狀況，始終堅持自己拙劣的作法，雖然充滿自信是件好事，但無法獲得成果就該檢討。無論是資深或資淺，這種類型的人最令人頭疼。

如果已經變成這樣，老實說沒救了。當然，日後自己發現或感覺到之後，也有逐漸修正改進的可能性，但也許必須要追溯到相當前面的根源進行根本治療。

因此，在這些**拙劣的自我主張還沒有定型之前，先學會正確的理論**。

順便提一下，我高爾夫球打得不好。從二十幾歲開始到現在二十幾年，下場也有幾百場了，但是一直都沒能治好一號木桿擊球會向右偏很多的「右曲球」毛病。

我在這樣打得不理想的狀態下，灰心放棄了，從此就沒有再打過高爾夫球，球桿也整袋放在置物間，任其佈滿灰塵。

那麼為何打得不好呢？應該是因為剛開始學的時候，就直接下場打球，而且還獲得不錯的成績這件事所影響，使得我的態度產生了「不想練習」、「不聽別人的意見，單憑自己的想法去打」、「太小看高爾夫球」等問題。

當時，如果有老老實實地做揮桿練習，或者上高爾夫球教室等，說不定還能改進，但是**隨著球齡愈來愈長，想回頭也就難了**。

業務的世界也是相同的道理。最重要的還是徹底學會理論知識。如同教科書一樣，從完整默背「演講稿」開始做起吧！

如果公司沒有原稿的話，也可以集結績優的前輩或培訓人員的經驗知識，整理完成之後，**希望你不斷重複地練習，練習到一字不差的「完全複製」為止**，直到無論何時何地，不管面對誰都可以用相同的語調，將內容流暢的說出來的階段才夠資格稱之為「鬼複製」。要求達到的水準則是與「故障的錄音機」一樣重複著相同的語音。

在這個階段，要先擁有擊潰自己談話風格的勇氣。

就像高爾夫球一樣，業餘的玩家若是打了個一桿進洞，應該只是運氣好而已。遇上練習揮桿超過了幾萬次、姿勢標準、根基紮實的職業球員，就算他們倒立跟你打，你也不會是對手。

用手機拍下再生工廠的「影像」

業績不佳一定有其原因，必須經常性的分析現況。

可惜的是有些業務員，不去面對問題的核心，只願憑藉著「玉石俱焚」的骨氣。假如是談話技巧不好，維持這種現況繼續努力，也只是讓這種笨拙的談話技巧定型而已。

這時可以把自己當成「再生工廠」的廠長，不停的訓練、訓練再訓練，徹底地重新鍛鍊才是唯一的辦法。**首先要訂出一個課題：「如何才能夠擊出安打」，然後經過專項的訓練解決這個問題，才能改變結果。**

單憑腦袋中的知識武裝及自我感覺良好的行動計畫，就如同中性脂肪無法消耗一樣，不會改變結果。這種鬆弛的贅肉，就要經由訓練，將它們流汗擰乾。

例如有不少業務員不喜歡角色扮演（role play），也就是不斷地重複練習演講稿，雖然覺得有其必要性，但心裡總是想著「下次再做就好」，不斷地拖延下去。

但是，這是絕對不能逃避的事情，要使談話技巧不生鏽，就一定要時常磨練以保持刀口的銳利。

進行角色扮演的影像，一定要用手機拍攝並保存下來。如此一來，在搭車的路途上或拜訪客戶之前，都可以播放複習一下。自己就可以成為自己的老師，所有可以學習的事物都隱藏在影像裡面。

首先，角色要扮演到跟劇本中的一字一句完全相同語氣的程度，在那之前不管幾次都要一直重複，將相機所拍攝的影像，以「客戶的眼睛」的觀點來確認看看，並且要準備角色扮演表單，客觀地去紀錄每一個步驟中「分數」、「缺點」、「合格理由」。

為了不變成只為了預演而預演，必須要實行高度擬真的嚴格訓練。**只要是業務員，應當要持續追求達成更高目標的「實力」**。

大部分業務員，即使知道「磨練談話技巧」的重要性，卻也沒有具體的訓練行為。**雖然喜歡參加被動的講習或研習會，但是自主性的訓練卻一次次的拖延，這類可惜的業務員是沒有未來的。**

唯有經歷過「再生工廠」的鍛鍊，不斷流下汗水的業務員，才能迎向光明的未來。

54

養成積極「向上跑」的習慣

想要打破停滯的現況，就必須採取某些作為來改善，成為活性體質。必須立刻改善這種「隱性業務肥胖」的代謝症候群，隨時保持「生死關頭」的危機感。**對你而言，目前最重要的課題就是脫離進度緩慢的這種「萬年減肥法」**。

「不吭聲的隱忍」只會不斷的累積業務壓力。

而運動量不足，會慢慢地侵蝕身心的健康。但也不可能在突然之間，拜訪的案件就能增加，開發新的市場不是件簡單的事情。越是這樣思考便會越覺得「無法動彈」，於是就陷入了惡性循環。

增加運動量的同時，能夠保持心情平靜，剛開始可以從適合大眾的「輕度運動」開始。

將日常生活中的**小運動變成習慣**。

例如，在我業績很順利的時候，我留意的事情是**「跑上樓梯」，這件簡單而且隨時隨地都可以做的「習慣」**。

忙碌的我實在找不到上健身房的時間，因此上班途中或拜訪客戶的路途上，隨時都可以「爬樓梯」，這是非常高效率的運動，因此我養成了去車站月台時不搭電扶梯，改走樓梯的習慣。

上班時也不使用公司大樓的電梯，改走樓梯。辦公室在5樓或7樓時，運動量剛剛好，11樓或16樓就有點吃力了。有一段時間，辦公室在27樓，那真的可以說是「山地馬拉松」了。

但是習慣之後，**每天早上都神清氣爽。可以讓每一天從這微小的成就感開始。**

實際上，我的業績也如同在高層服務時一樣的突飛猛進。

大概是**自己一口氣的「向上跑」這個行為，活化了快感神經，誘發了原動力也提高了反應速度，帶來了業績「突飛猛進」的結果。**

培養每天都能積極向上跑的生活習慣，將使你的業績蒸蒸日上。

要不要嘗試看看，你自己決定吧！

55

在空無一人的孤獨處開「一人戰略會議」

夾在不太搭理人的冷淡客戶及極度追求業績數據的上司之間，每天經歷著地獄般的生活時，難免會覺得「我只是孤單一人，世界上都沒有人要幫我」，受到孤獨的心情折磨。

因此，倘若一個業務員無法享受「孤獨的時刻」，那也就沒戲了。在這個嚴苛的業務世界裡，唯有不恐懼孤單才能存活下來。

業務員本身就是與孤獨和運氣成為一個共同體，也以此為代價獲得優渥的酬勞。

再一次強調，絕對不能對「孤獨」產生恐懼，而是要徹底地享受「孤獨」。

至於要如何享受？提供幾個案例給大家參考。

不可或缺的「孤獨腦力激盪」。例如上午的時候，找一間只有自己知道的咖啡廳，沒有他人的干擾，擬定出自己獨創的銷售策略。

「孤獨的閱讀時間」是面對自我的最佳時間，一個月最少讀2本以上的好書，對我來說，書本是最好的師父，最佳的顧問。

「孤獨的散步」可以增進銷售的動力。散步時分泌的多巴胺可以促進「快樂的思考」，幫助你激發出嶄新的想法。

「孤獨的電影院」是沉澱自我的重要時間。盡可能避開與多人一起看電影，最好是獨自一人去看感人肺腑的文藝片。

「孤獨的慶功」也很棒。截止日等之類的日子裡，在酒吧的吧檯，品嘗著「孤單調酒」當成自己給自己的獎勵。

所以不用害怕孤獨，充分地享受跟自己對話的時光。

用心理解到孤獨的涵義之後，**自然會產生「其實客戶也很孤單」的這種共鳴及愛憐。**

這種在空無一人的情境下所舉行的「一人戰略會議」，正是培育人與人之間相互理解的羈絆。

56

淪落到無計可施時 找個「能量景點」充電

無論你如何努力地進行推銷，最後都要看對方的意願。時間點對不對、運氣好不好都會影響，無能為力的時候，也就只能讓它無能為力。

當你用盡所有辦法還無法有進展時，著急得手忙腳亂也無濟於事。

當你被逼到窮途末路、心力交瘁時，才認真嚴肅地去思考對策，也不過是落入一個惡性循環。可以了解你的「努力」，但並不需要太「嚴肅」。

這個時候，可以樂觀的把它當成將錯就錯的另一條途徑。

假設有一個原本很期待的重要約會，突然被取消掉了，面對這個令人消沉的空檔，不須多考慮，**建議你直接去寺廟走走，擁抱有百年樹齡的神木。**

其實我也有為了擁抱神木，在人煙稀少的早上跑到寺廟去的經驗。這時候會很神奇地感受到四周充滿了安心感，再也沒有比此時更令人覺得安詳的時刻了。

我在擁抱神木時，任由思緒在悠久的歷史中奔馳。想像著地球數十萬年流逝的時光，抱緊數百年的神木，煩惱也就消逝於數百年之後。**領悟到自己的這些煩惱，不過是些微不足道的小事，整個人也就放鬆了。**

自我的存在太過於渺小才導致於「手忙腳亂也無濟於事」的感覺。

將我們業務員放到人類的進化史上，仍舊是個不完美的存在罷了。因此也了解，**進行得不順利是很自然的，失敗是在所難免。**所以不要只擔心眼前的結果，應當將煩心的所有事物，綜觀地考量整頓才是。

然後，許下願望。既然到寺廟許願了，不單是自己的願望，也要祈禱「客戶的幸福」。**幫重要的客戶祈福的瞬間，受到神明加持的銷售能量就會降臨。這個時刻，這個地方才會成為你真正的「能量景點」，不是嗎？**

57

偶爾停止業務到「電影院」學習愛

我的興趣就是工作，假日主要都在寫文章。平常公司的那些殘酷任務不過是消遣而已。我稱得上是某種怪人。

這樣的我也有跟別人相同的娛樂，就是「一個人去看電影」。隨著年齡增長，看午夜場的機會也隨之增加。

劇情片或懸疑片都不錯，偶爾也會選科幻片。

這幾年看過的電影當中，想推薦一部科幻片——「星際效應」。

劇情大概是在近未來的地球，發生了糧食不足，可能導致人類滅亡的危機，主角為了解決問題，出發找尋人類可以居住的新行星。與他所疼愛的女兒約定好「一定會回來」之後，開始執行探訪宇宙的亡命旅程。

劇中描述了人類處於浩瀚宇宙之中，在無盡的孤獨感與嚴苛的環境中失去理智的「弱小」。同時也**細微地表述出「堅強」，並刻畫出人類的「愛的力量」**。

因為地球與宇宙之間有時間差，太空船收到的影像訊息裡放映出來的，是逐漸老去的家人們，這裡產生了對於全人類的掛念——「拯救地球」及「回到家人的懷抱之中」的個人情感，兩者之間的矛盾與衝突。

但是，電影的最後**獲得了「對全人類的愛與對家人的愛之間並沒有對立」的結局**，真的是精彩完美的故事。

電影中有一幕的台詞是：「你想，父親在臨終前腦中會浮現什麼景象？」。換成你的話，臨終前腦中會浮現什麼景象呢？

答案應該是「小孩」吧！我也是。可能的情況下，即使在遙遠的外太空也要伸出充滿「愛的力量」的援救之手。劇中還有一句對白：**「人類最偉大的發明，就是『愛』」**。無論處於哪個年代，「愛」都能讓人類獲得救贖。

因此我們業務員在日常生活，以及各式各樣的人際關係裡，也應該不停地學習「如何去愛」。

讓我們再度的留意到這件重要的事情，**一次又一次地在背後支撐著業務戰士的「地球上的祕密基地」，就是「電影院」**。

58

與鏡中的自己「相互肯定」

我個人很喜歡「照鏡子」，但絕非陶醉於鏡中自我的自戀者。事實上，我是利用照鏡子來提高業績。

我也建議你，**仔細觀察鏡子中的自己本身**。是否一臉暗沉疲憊？瞳孔中是否綻放光芒？笑容是否帶著虛假？如同窺探自己內心深處一般地凝視自己，然後對著鏡子**進行業績成長的自我肯定**。

一般的自我肯定大多是「具體的目標或理想的自我暗示」、「深層潛意識的引導」、「實際上願望得以實現」之類的洗腦。

但是，對於已經喪失自信的業務員而言，這類「我絕對暢銷」、「我非常喜歡自己」、「我一定會成功」等「對自我的強力誇讚」是沒有效果可言的。

在真心的懷疑自己「經驗不足」、「自我厭惡」、「不可能實現」的狀態下，勉強的嘗試自我肯定的做法，也達不到期望的效果。

更糟糕的是，潛意識裡對於這種劇烈的轉換感到害怕，進而產生抗拒反應。那就無法脫離「我還是沒辦法」，這種負面反抗的情緒。

因此我自創一種自我肯定的方法，就稱之為「相互肯定」吧。

「你是運氣好的業務員」、「你是超級幸運的業務員」、「你是全世界最幸福的業務員」之類的訊息，說給鏡子裡的自己聽，就像對話一樣。況且，運氣或幸福感等東西跟自己的能力是完全沒有直接關係的，所以也不至於引發潛意識裡的反抗。**由於完全不須改變原本的自我本身，可以輕鬆地以自然的樣貌自言自語一下。**

更可以狂熱地支持鏡中的你，那份能量會直接反射到你身上，全身上下充滿了自信，神奇的感受到「做得到」的氣場，達成提高業績的效果。

刻劃下雀躍快樂的「幸運、相互肯定」的旋律隨之舞動，並面對著鏡子一次又一次地鼓勵自己（對方）。

期待你能夠相信鏡中的對方（自己）的幸運，展開快樂的對話。

59

睡覺前「冥想」自己明天也會脫胎換骨

你通常都迎接什麼樣的早晨呢？

該不會是捨不得暖和的被褥，邊抗拒著回籠覺的誘惑邊起床的吧？或者是打著呵欠心不甘情不願地起來了，卻完全沒有「上班的情緒」，從早上就開始嘆氣。為什麼都不能神清氣爽的睜開雙眼，重新恢復積極的心態呢？

原因在於睡覺前的「負面思考」。

任誰都會有一兩個煩惱，這是很正常的事情。**煩惱是大是小，說到底大概都是自己個人的事情**。這些事情根本就小到不值得一提，也算不上是煩惱吧！**感到心神不寧的夜晚，大概都是忘記對人們的感謝與奉獻**。如果想要修正這種利己的思考方向，可以在睡前實行「感謝及奉獻的冥想」。

關掉電燈鑽進被窩後，跟睡不著的晚上數羊數到100一樣，將客戶一個一個的數出來。閉上眼睛，想像那些你喜歡的客戶、重要的客戶、尊敬的客戶，他們每一個人的長相。

如果有一天晚上數出了100個客戶，那也不錯。你可以試著在腦海中浮現那位「笑容」讓你覺得很舒服的客戶。

因為有這群滿面笑容的客戶才有今天的你，那麼你又能為這群客戶做些什麼事呢？單純地思考這件事，然後入眠，也祈禱所有的客戶有個美好的明天。

這樣實行之後，愈是能夠熟睡，你的營業能量，自然也就愈能充滿電。恢復跑業務的疲勞，抹去失敗的負面回憶，在記憶的資料夾中記錄下成功的經驗。

這樣**才能夠確實的重新開始每一天**。這是培育業務員精神，不可或缺的重要時刻。

充滿氣力和希望的你應該會想壓抑住「好！今天也要好好加油！」之類的想大吼的衝動，踢開棉被立刻從床上躍起。

當充滿電的燈亮起，從沉睡中甦醒的瞬間，我們業務員「今天也脫胎換骨了」。

60

自我改變成「早起的體質」

想要脫離低潮期，一直重複著相同的事情是辦不到的。需要從自己本身開始，主動的戒除以往的壞習慣。

譬如重要的每一天的開始，就總是以上班時刻倒推回來，以剛好來得及的時間內整理儀容。這樣的作法，想脫離低潮期是不可能的事情。

我坦言，我年輕的時候也常敗在回籠覺手上。

當時很明顯的就是一個「被動的個體」，每天早上就是「再不起床不行了」，不情願地爬起來，開始一天的業務活動。然後被各式各樣的業務搞得暈頭轉向，拖著疲累的一身回家睡覺，然後又要起床上班……。每天就這樣的一直重複。

有一天突然覺醒「再這樣子的話，只會一直墮落下去」，於是決定自我改變成為早起的體質。

當自己下定決心「靠自己的意志力早起」的時候，就掌握了自我行動的主導權。也就等於有了掌控業務活動主導權的能力。

從此之後，業績就神奇地不斷上升。而且愈是早起，起床時的心情就愈好，業績更是蒸蒸日上，產生良好的循環。

因此也讓我體會到，**每天只是被動的等待外界事物會改變，是沒有辦法改變任何不好的事情的。**

要做到早起這件事其實只有一個方法，很簡單就是「早睡」。

因此，除了重要、有意義的聚會之外，喝酒吃宵夜等晚間活動一律不參加。所以就算與難相處的人搞到快吵架，不想一起行動時，也能有藉口「主動的」拒絕。

早晨的時間，工作或讀書都可以順利進展，有效的推銷策略或想法也容易湧現。**早晨是頭腦最為清醒的黃金時段。**

我之所以能夠在這二十幾年的壽險業務中成功，每年賺取數千萬以上酬勞的原因，便是**拋棄了「不睡覺很可惜」這種對睡眠的堅持，改變成「去睡覺很可惜」這種積極的心態。人說「早起三分利」，我覺得應該是「早起三億元之利」。**

以後不能再隨性地跑去睡覺了。

61 別跟沒意義的「續攤」

如果你是喜歡同事的人，那麼一定會跟他們融洽地一起工作。而且也不會拒絕一起喝酒，歡送迎會、春酒尾牙、慶功宴之後的續攤也都不會缺席吧！

但是，請仔細思考一下。這些時間真的對你的業務員生涯有任何助益嗎？為了維繫公司內如薄紙般的人際關係，你只是隨波逐流地生活著，不是嗎？希望你能自覺到**浪費時間的生活方式，只會妨礙自己的成長**。

我絕對不是說喝酒不好、跟同事一起度過快樂的時光沒有意義。**這些行為的價值，完全取決於你主觀的判斷**。

就我自己的經驗來說，「斷然不參加續攤後，產量就突然暴增了」，這種劇烈的變化，我自己也很訝異。

只是不參加續攤而已，請你想想**「不願被當成難相處的傢伙症候群」，將你的人生變得多麼的無奈和無趣**。

首先是「開銷」，除了第一次聚會以外，還要另外再多花個幾百塊錢。假設以每次都參加的花費來計算看看，加總下來，參加續攤的開銷也很嚇人，同時也佔用了你的收入中相當高的比例。反正都要花掉的這筆資金，為何不拿來投資自己呢？

再來是「時間」，這兩三個小時黃金時段的累計，甚至比金錢還要浪費，實在是非常可惜。合計幾十個小時的時間，如果用在別的事物上，現在你的人生已經改變了方向也說不定。

下一個是「健康」，雖然說年輕就是本錢，但喝到深夜再加上睡眠不足，隔天再執行業務活動，對身體一定會造成負擔。

既然是接續第一次聚會的續攤，其實也沒有非參加不可的意義和理由。**失去的東西，遠遠超過獲得的東西**。

所以你要改變自己的生活方式。「果敢地拒絕邀請，第一次聚會結束就回家」，這種決心將改寫你的人生，絕對不要盲目跟從。

62

戒除依賴「酒精」的推銷方式

有些業務員很喜歡「招待」客戶。每逢周末就帶著客戶，踩著蹣跚步伐到處喝酒。還聽說過，每天晚上都出沒在酒店街的勇健型業務員。

我也有過一段期間，豪爽地投資了相當大筆的酒錢。兩間三間的一直喝到深夜為止，每天早上起床時，都要先跟宿醉的自己戰鬥後再開始。

但是，酒精含量的多寡跟業績的曲線圖完全不成比例。這是我自己的痛苦經驗。

老實說，直接影響業績的效果等於零。現在想起來，**當時的投資，單純只是一種浪費而已。說好聽點，就是對自己的一種「慰藉」吧！**其他就不多說了。真心想提升業務效率的話，不要依賴酒精才是聰明的作法。

有時候在酒席上聯絡感情，也是很重要的環節，但是迷信「招待是有效的業務策略」的人，就不得不說那些真的是愚蠢的業務員了。即使有效果出來，那也只是短暫的假象，要想持續下去，資金及體力都撐不住吧！

的確，酒精的力量是龐大的，也因此「招待」的場所都顯得很熱絡。平常不太說話的客戶，也會突然轉換人格，變得多嘴，說出讓你期待的大筆訂單合約。對於那些業績平平的業務員來講，真是個夢境般的世界。

慘忍的是酒醒了之後，氣氛也沒了。**當時在那裡，只是嘴巴說說而已**。業務員的世界，沒有簡單到憑藉著幾杯酒，就能夠讓你提升業績。儘管你參加了無數的續攤，**明天等著你的只有「帳單」及「酒臭味」而已。**

事實上，不可能發生邊喝酒邊談正事的狀況。在成為依賴酒去談案件的二流業務員後，染上「酒精業務中毒」，最後恐怕成為一個廢人。假使真的有強調其特殊性的密會需求，在白天找一家高級一點的咖啡廳也就足夠了吧！也不需花費太多時間，還很健康。

請大家不要忘記，**業務的世界存在於「清醒的世界」之中。**

63

不停息地追逐目標 鍛鍊「內心的免疫力」

有時候難免因感冒發高燒，只能在床上睡覺、受了重傷只好住院治療，遇上這些事，你就要耗費時間及體力去應付，相對的，業務績效也就「生病了」。

這個時候，或許你覺得這些只是運氣不好，是不可避免的事也只能好好的休養，提醒自己「下次小心一點」，然後不斷進行普通的預防措施就好。

我也沒見過「從來不生病或受傷」這種不死之身的鐵人。現實裡，人類不可能跟超人一樣。你應該覺得生病或受傷是「偶然」發生的事故吧！

其實未必，你因感冒而休息不是偶然。沒發生過事故的業務員，就是不會遇上事故，這些都有確切的理由。

生病是因為你的輕忽及不注重養生的不斷累積，導致免疫力下降而引發的症狀；受傷是因為你沒能集中注意力，不小心才會發生。

由此可知，你認為無能為力的健康問題，也可能可以用你自己的精神意志去控制，不是嗎？

中醫的說法中，「風邪」這種邪氣是從背上的風門這個穴道侵入人體內，因而引起感冒。日語中受傷稱為「怪我」，語源是「汚れ＊」。可以解釋為反常奇怪的「我」因內心的污穢，所以將傷害引誘到自己身上。

那麼有可以避免這些事故的預防對策嗎？

答案是有的。**經常在心中描繪出「明確的目標」的意象。這樣可以維持心中處於「暢快」的狀態，不僅免疫力增強，也幫助集中精神。就不怕邪氣靠近或內心產生污穢。**追逐目標時，是不允許身體狀況不好的，追逐目標時專心集中的能力，也可避免不小心發生的事故。

從手邊的小目標一個一個的設定出來，並將目標銘記在腦海裡；跟周遭的同事共享目標；隨身攜帶寫上目標的物品；將目標公開到顯眼的地方。

這時就隔絕了邪氣及心中的污穢，如同接種了「目標的預防疫苗」。

「勇往直前的追逐目標」這類身心踏實的業務員，跟生病或受傷是無緣的。

＊此處日語的「怪我」及「汚」同音。

64

體會到「理想的節食」是宿命

持續暴飲暴食的業務員，他的人生也是起起伏伏。就算是獲得了一時的成功，業績也會是上上下下，最後崩毀。沉溺於追求快樂的享樂生活，這種稱不上是精采豐富的人生。**這種行為像是中了某種毒癮，無時無刻都在侵蝕著「靈魂」**。業務員這個身分，不僅要保持外觀整潔及風度氣質，更要維持心靈與肉體之間的平衡。**心靈與肉體之間的平衡，就等同於營養的均衡**，飲食不均衡是導致良好的「業務精神」喪失的主因。

如果是一個日常生活都很規矩的人卻挺著大肚腩，那就要檢討自己是否有注意到飲食的均衡了。

通常過胖的原因都是「飲食過量」。喜歡逛便利商店的你，是不是養成了攝取過多垃圾食物的飲食習慣？

注重健康的我**很重視一日之始的早餐菜單**。米飯一碗，飯碗不盛滿。味噌湯、納豆、烤魚、雞蛋、青菜、海菜、梅干、漬物，飯後吃點優格、水果，最後來一杯濃的綠茶，也就是日式早餐的全餐。每天就慢慢地享用早上的這份菜單，吃到七分飽。

午餐則是自己的手作便當，超級健康、低卡路里。晚餐是豆腐及營養均衡的幾樣配菜，全是低糖飲食的菜單。然後安排個適度的休肝日。到現在步入中年了，也沒有發福的肚腩，跟「贅肉」完全無緣。

如今被指責一直以來的營養管理需要改善之時，可能有不少人認為「抑制食慾有困難」、「人生最大的樂趣就是吃」。

要知道，**自己內心的這種自甘墮落的行為，是「不重視自己本身」，對自己的人生沒有責任感的事情。**勸你要多重視自己本身。不要輕言放棄想在何時何地都保持「健康體型」的理想。

放棄理想的當下，人就會逐漸老去。不是嗎？

喚起朝氣蓬勃的業務員精神，讓業務員精神散發出清新的年輕氣息。理想的節食正是業務員的宿命。

65

改造自家的「廁所」成為業務室

我家是6個房間的3層樓房。每一層樓都有廁所，但是把3樓的廁所改建成全家可以共用的特殊規格。

只要是眼睛看得到的地方，前後左右的牆壁上，都貼上寫滿勵志詞句的海報。到處都貼滿了充滿著希望、振奮精神、純樸不矯飾的詞句，我家也就變成了「業務佈告欄」。

每當坐到馬桶上就沐浴在勵志詞句的洗滌之中，是個能使我自然而然進入業務模式的空間。

恢復精力的訊息還不只這些。

那個廁所的牆上，還有全家人用毛筆寫的「感謝」兩個字。這個是我家每年的例行公事——「新春書法大會」的作品集。全家人所寫的「感謝」圍繞著廁所，一圈又一圈的貼滿牆壁。

我的一天，就從珍愛的家人們親筆寫下的「感謝的鼓勵」之中開始。每天早晨內心裡

總是充滿了對家人的感謝，也夾雜著些許愉快的心情。不僅消去早晨的睡意、身體上的疲累，原本無法睡一晚就紓解的工作上煩心的事物，就像淋浴一樣，全被沖刷洗去，消失得無影無蹤。

如果有業務員邊上廁所邊「嘆氣」的情形，那應該是**沒有留意到「應有的幸福」，忘記了心存感激所導致。**

我每天吃得好，排泄也好，腸道也很好，從早上5點55分開始排泄愈順暢，業績也跟著愈好。全仰賴這個特別的空間中所度過的幾分鐘。

前一陣子流行著「廁所的神明」這首歌，我猜想廁所裡一定住著「業務的神明」。最後我確定了，**每天不斷重複好的習慣，才能得到神明的加持。**

將「正能量的自我洗腦」或「感謝的儀式」，以肉眼可見的方式呈現，每天早晨，一年365天都可以見到是一件幸運的事。

可以說因為這些時間、空間，每天都擦亮我的業務精神，也讓我成就了一番事業。

66

「矯正」缺陷把痛苦轉化為希望

業務員最強大的武器之一就是露出潔白的牙齒微笑，展現「爽朗的笑容」。

但是我從青少年時期開始，就覺得自己的「齒列不整齊」，雖然大家都說「看不出來，沒關係」，我自己還是非常的在意。

滿懷著自卑感，甚至到了想放棄的地步。說話時也盡量不露出牙齒，也注意不要張大嘴巴的笑，明顯到在對人的業務項目上產生了負面的影響。

很長的一段時間總是想著「反正都這樣了……」，將「問題延後」。進入中年之後一時興起，我挑戰了「齒列矯正」。

剛開始時，安裝在牙齒內側的鋼絲造成了我極大的不舒服與違和感，疼痛感也使得我覺得焦躁。舌頭碰到矯正器時產生的疼痛，也導致了發音不全，讓靠說話維生的我產生了很大的障礙，咀嚼食物也不順暢，縫隙中常會卡到屑渣，精神上也承受了相當大的壓力。

整個矯正療程需要安裝矯正器一年，拆除矯正器後還要帶維持器兩年。雖然整個完成要一段很長的時間，但我卻覺得「莫名的愉快」、「雖然痛卻還蠻高興的」。

因為，**雖然它們每天都只以零點零幾毫米在移動，但光想到這一點就覺得充滿了「希望」**。面對辛苦的矯正過程，也可以保持積極進取的心態的理由就是，一年之後確實「改善了」的「明確的終點」就擺在那裡。

人只要看到了「希望」，就會有繼續努力下去的動力。然後明顯看出齒列成形之後，更是愉快，不舒服與疼痛也漸漸的感覺不出來了。

業務的這份工作也是一樣，**描繪出自己所希望的明確目標，而且朝著目標一步一步確實的前進。這時候不管是多麼辛苦的試煉或阻礙，都能忍耐克服**。

不侷限於牙齒的矯正，如果你也有延宕中的「會疼痛的問題要解決」，那麼就有必要立刻去「矯正」。

為了走向「可以開口大笑的生活」。

67

美化指尖剪成「短指甲」

客戶都看著你的「指尖」。令人意外的一件事是，客戶其實很少直視業務員的臉。更不用說打開資料進行談論的時候，客戶的視線會跟著你所指的重點移動，也就是跟隨你的「指尖」。聽說特別是女性的客戶，都會下意識的看手及手指頭。

特別是客戶在意的是指尖上「指甲」的清潔度。指甲過長的業務員會造成極度的不舒服，可能會因此被認為是不乾淨的人，請多加注意。

要經常保持指甲的整潔。女性的話，適度的做點美甲就好，不要太華麗。男性的那些髒到發黑的就不討論了，希望能夠保持在指甲變顏色的那條線上，剪成「短指甲」剛剛好。

將指甲整理得整潔好看，可以給人對於細微的事物都不馬虎，乾淨的業務員的印象。不要覺得只是片小小的指甲就輕忽它。這種「乾淨的印象」是很重要的加分因素。

就算手指是屬於又肥又短，表面粗糙得像石頭一樣，只要將指甲整理乾淨，整個手部看起來也是好看的。所以必須好好的照顧指甲。

心理學的研究也指出，指甲過長的人，欠缺業務員最重要的「自信心」。已經忘記是在哪本書上看到的，這麼說起來我有過太忙，而忘記剪指甲，指甲長長，業績卻不長的經驗。確實地讓我體會到，過長的指甲容易使人分心變成消極的狀態，沒辦法積極地與人接觸。這種狀態對業務員是一個致命的傷害。

換句話說，**從頭頂到指甲前端，洋溢出壓倒性的「自信心」，才是使業務順暢的關鍵。**

每天忙到連剪指甲的時間都沒有，那麼你本身就有問題了。在連**整理指甲的小事都沒能注意到的精神狀態下，絕對不可能將最好的實力發揮出來。**

就如同一個業務員必須不斷地磨練自己的道理，指甲也要仔細的修短整理一番，永遠保持「充滿自信的美好姿態」。

68

明白自己是有「味道」的業務員

客戶對於業務員的「味道」很敏感。生理上最討厭的就是味道太重的業務員。因為是生理上的反應，也沒什麼道理可以講。

當一個業務員從生理上被厭惡，大概就回天乏術了。無論你知識多麼豐富，腦筋多好，簡報能力有多強，擁有多誠實的社會能力，只要被歸類為「臭味男」、「臭味女」，一次就直接出局，還會被貼上「要捏緊鼻子的人」的標籤。

而且最不受歡迎的第一名，由「臭味男」取得壓倒性的勝利。

特別要留意的是「口臭」，很意外的，自己本身都很難察覺到。

以下的事千萬要注意再注意。除了放假前一天晚上，不要去吃烤肉吃到飽，吃放蒜頭的拉麵當宵夜等，在喝了太多酒類飲料的隔天，吃些預防口臭的藥物，這些氣味大部分不是嚼薄荷口香糖就能去掉，當然在三餐飯後，必定要仔細的刷牙漱口，腸胃不好的人，更要「自覺到自己身上的異味」。

特別是「嘴巴有臭味的業務員」，自覺性都不夠。我也是出於好心，告訴他「嘴巴有臭味喔」，並遞給他預防口臭的薄荷片。無奈地扮演這個遭人嫌棄的角色。

通常一般人會認為，就算**「覺得有臭味，也不會多事地說出來」**。換成客戶的話，那就更不可能做這種惹人厭的事了。只會選擇「再也不見」這位身上帶著令人不舒服的臭味的業務員。

無論男性或女性使用香水時，也要用心選擇。避免使用氣味太濃的化妝水。當然香味的喜好是因人而異，接近香皂的氣味、天然的香氣應該是大家比較容易接受的香味。可能的話「無味道」應該是最好。香菸的臭味也不容易消失，對於不吸菸的人所造成的不快感，是老菸槍們無法體會的領域。

再來是**業務員每天穿著奮鬥的西裝，「戰鬥服」，應該也滲入了不少「汗臭味」**。養成隨時將除菌消臭劑，如淋浴般噴上去的習慣。

嚴禁粗心大意，你敢保證你不是「有味道的業務員」嗎？

公事包不要放到「髒污的地板」上

在外面隨處都可以見到任意放置公事包的業務員。這個僅次於性命、重要的公事包，等人的時候就隨意放在地面上、等紅綠燈也放到路面上、放在捷運的地板、廁所的髒污地板也不介意地放上去，且也絲毫不擔心被偷走。既然如此，對公事包上的「髒污」應該也沒有感覺吧。

每一次看到這類沾滿細菌的公事包，我會想「那個公事包帶去客戶家中，就要放到地板上嗎？偶爾也會在沙發或桌子上打開，如果我是那個客戶，真的沒有辦法接受。」真不希望這種業務員到家裡來，真想直接把他擋在門外。

你可能會想，客戶又不知道我公事包的底面髒不髒，或者覺得像我一樣有潔癖的人是極其罕見，不可一概而論，身為正常的人，自己不能理解，完全不放在心上。

但是請等一下，**喜歡乾淨的客戶，已經看透「髒污的你」**了。

客戶對公事包及業務員本身的「清潔度」是非常敏感的。你要覺悟到只要公事包底面沾上點塵土就出局了，從此也不用想再去拜訪這位客戶，無聲無息的被判定「拒絕往來」的命運。

當然，按對講機時不可以將公事包放在玄關前的道路或庭院上，脫鞋子的時候也不要將公事包放在腳邊的地板上，這些都是最基本的禮儀。

偶爾也會看到抱著帶有輪子的公事包進客戶家的業務員，這也不好。一般公事包還可以用除菌紙巾擦拭乾淨，輪子上的髒污就不容易清潔了。

壽險業務員在談話時，都會習慣將公事包放在手帕上面。

但是，前提是**不可以將「髒污的物品」本身帶進客戶家中**。

請記住有能力照料這些細微的小事，是你邁入頂尖業務員的第一步。

給10年後的自己寄送「生活費」

你應該知道，以最搶手的業務員為中心，錢潮也向那個方向流去的法則。**人跟金錢都一樣，會集中到運作優良的業務員手上。**

但是沒有適當地投資未來，原封不動地收藏起來，金錢就會腐化掉。當金錢腐化之後，你業務員的人生也會開始腐化。錢財就如同河川一般，需要連綿不息的流動。

那麼，現在就設計一個讓錢潮流向未來的你的機關吧！

儲存下來的金錢也有「消費期限」。太熱衷於存錢，會被金錢所操控，拘泥於追逐金錢的結果是淪為金錢的奴隸。

因此吝嗇的業務員通常都會落魄。你自己要從金錢中解脫，為了更長遠的願景而「投資自己」。

你辛苦掙來的「可愛的金錢」，就讓它們去旅行吧！當做是投資10年後的自己，學習時代潮流中必要的技術與知識。

你也要相信，現在你所播下的種子，在10年之後必定會開花結果，不論好或不好，終究會回到你身上。

別再把時間跟金錢耗費在其實根本就不想去的交際應酬，這些都沒有前進。**你的判斷基礎應該是，這項投資是否對10年後、20年後的自己有效益**。

你現在想參加的資格考試或補習，真的對你的將來有幫助嗎？

你現在來往的酒伴或交際，真的在未來會為你帶來利益嗎？

你現在規劃組織的商業行為，真的是幫助明天的你成長的活動嗎？

請仔細地考量，絕不可以停止投資自己＝「寄送生活費給未來的自己」。

71

緣分開花結果前不停地播下「未來的種子」

想要找尋並持續增加優良的客戶，唯一的方法就是**「持續播撒未來的種子」**，一方面也可說是創造永恆的市場。

我從未見過只憑藉上門推銷，好業績就能夠超過30年以上的業務員，假使真的存在，也不過只有少數幾個人吧。

所以大家都期待著能遇上「潛在客戶＝良好緣分」。重點沒有經常性的「邂逅」，這些期待不可能有實現的一天。

因此，無論如何都要**重視所遇上每一個人，並且保持所有的人際關係。相信「緣分＝未來的種子」會逐漸擴散**，就這一種辦法。

我自己對於相遇過的3800位以上的人，每周都會發出近況報告及資訊的「朋友訊息」。這份「訊息雜誌」累計已經超過870集，持續了十幾年。長篇文章的打字有時也占用掉假日一半以上的時間，但心想這也是難得的緣分，如果可以因此而想起我，多增加一個為人服務的機會，也就堅持下來了。

內容中，業務相關的宣傳廣告類字眼，「一行也沒有」放進去過。

即使如此，**因為這個緣分的連結，接二連三地出現了帶來業務機會的人**，在妥當的時機幫我介紹客戶，提示我開拓市場的契機，真的是收穫到數不清的「緣份＝未來的果實」，這豐沃的果實也繁盛了我的業務人生。

雖說如此，倒也未必有發送訊息雜誌給很多人的必要性，你只需要維繫目前所有的人際關係，並且延續下去就夠了。

有緣的人未必能立刻提供「恩惠」給你，但相信有一天，這寶貴的緣份必定會為你帶來豐碩的「果實」。

你如果確信這些事情，「跟那個人的緣份，竟然發展到這種地步」，當時不預期的相遇所播下的種子，總會有開花結果的那一天。

72

將日程表的每個角落「密密麻麻」地填滿

離開了「業務員」擔任業務主管之後，我的日程表也跟當時一樣，**寫滿了密密麻麻的行程，從早到晚都填滿，沒有留白**，幾乎完全沒有空隙。

別誤會，我沒有在血汗企業工作，也不是進行著超級困難的業務。

完全是依照我個人的意思，將日程表填滿，我也是發自內心地想這麼做，我已經習慣不留下空閒的時間。

所以我一年365天都不休假。平常的工作天在人壽保險的總公司上班，辦公的時間也都相當忙碌，我都自發性的到全國的分店去。回到東京的時候，晚上也排滿了餐會和聯誼會的行程。

假日為了多一點時間寫作或參加演講活動，上班族原有的週休日、國定假日和連續假期都照休，特休也會請好請滿。

雖說是休假，其實都是「為了工作」，除了婚喪喜慶以外的邀請都拒絕，全心全意的為了「下一部作品、下一部作品」努力不懈地寫書（這是第12本）。可說是極為罕見的「二刀流」總公司職員。

我幾乎沒有嗜好，大概就抓個行程的空檔，看場午夜的電影吧！搭車移動的時間就看訊息，收集資料，也算是在工作。

這也就是我的日程表密密麻麻，沒有空隙的原因。

往前挪、往前挪，預定行程如果沒有排進日程中就會很不舒服，**只要出現了「空白」，就會注入所有的能量，勢必填滿那個地方**。

我在「業務員」時代也有類似的情況，日程表上空白的面積增多時，就覺得「很可惜」，每天想盡辦法把日程表密密麻麻地填滿。

現在回想起來，**成功的祕訣就在於持續不停地努力，把日程表密密麻麻的填滿**，就是這件事情而已。

明天開始你也就耿直的去思考如何填滿日程表，奮力去經營事業。有一天會驚覺到自己已經搖身一變，成為沒辦法休息，搶手的商業人士。

73

「內部業務」也要盡力

有些業務員懷著無窮的自信，到處炫耀「我有我自己的生存方式」。像是一匹孤狼，自己不認同的事情，就算是長官也照樣反駁，絕不屈服於體制之下。

他們以專業者的態度，標榜崇高的「客戶至上主義」，覺得沒有道理去做「內部業務」，鄙視那些討好相關各部門的人，並認為，那些依賴「內部業務」的業務員根本不配當人。

的確也有些「墮落」的人，不正經地從事外部業務活動，只在內部從事巴結事業。但「內部業務」是這樣糟糕的事嗎？

許多人聽到「內部業務」就會產生妥協屈服於組織之下的印象，事實上「內部業務」絕對不是阿諛奉承，也不是諂媚長官。

在沒有獲得有決策權的長官許可之前，無法進入對自己有利的經營方式，拖延下去對客戶也會造成困擾。

所以，**取悅長官也是高尚的業務**。有時不得不出席不想去的聯誼會，不停地表現出忠誠的態度，這些都是作為一個業務員必備的能力。

完成所有事情的前置固樁工作，才是業務員「最佳的談判技術」。

公司內部的成員不僅只有長官，業務部門的同事、助理人員、會計公關等部門的職員、長官的秘書、櫃台人員、後勤中心、其他還有跑腿的新人、清潔的歐巴桑等，對他們的關懷照顧，都能夠使自己的業務活動更圓滑地進行，不是嗎？

自己在辦公室內囂張驕傲地批評「內部業務是腐敗的業務員才會做的事情」，這只不過是像小孩子一樣地想表現自我，譁眾取寵的心理表現罷了。

「內部業務」的真諦是密切地與成員溝通交流，取得理解與合作的行動。業務是不區分內部或外部的，無論何時何地，業務員就是業務員。**對公司內部的人都不能推行業務的人，有紮實的能力對公司外部的人進行嗎？**

所以請你誠心誠意地致力於「內部業務」。

74

別顯露出對家人的「不滿」

有些時候，太專注於發展業務活動，反而會忽略了照顧家庭，導致家庭生活出現問題開始崩壞，也對工作產生了負面的影響。

的確，工作與家庭之間的取捨，是業務員永遠的課題。但是因為工作的緣故導致了珍愛的家人產生不合，那就本末倒置了。真正應當守護的，到底是哪一邊呢？

真實的愛情與體貼關懷，將這份感情鎖在心中是無法傳達給任何人知道的，應該用超越業務笑容的笑容，及無微不至的服務精神對待自己的家人。**超級密切地溝通交流，伴隨著「愛的實踐」是必要的作法。**

無論是作為一個業務員或一個人類，絕對不能以工作為藉口犧牲掉家庭。**沒辦法將對家人的愛用行動實現的人，很難相信他有能力用大愛去接觸公司的同事或客戶。**

儘管如此，單憑這些細微的家庭服務也說不上幸福，更不用說以家庭為代罪羔羊來敷衍工作了。

譬如一個偽裝的奶爸，將他偽裝的外表剝去，不難發現其怠惰的素顏。**逃避家庭的懶人及犧牲家庭的工作狂都沒有做人的資格。**

說起來，你有沒有「自己最大」的這種傲慢的錯覺？如果有，可憐的你將面臨被家人輕視，被排擠的命運。

自認為一家之主，以高姿態指責別人的人，往往會被認為是愛發牢騷開倒車、不講信用、自私自利、不公平、心態不健全、沒道德感、態度傲慢、生活沒信仰之類，被家人貼上「最糟糕的人類」的標籤。

在工作場合時，看起來道貌岸然，但是回到家中的瞬間，就變成了「人類中的垃圾」。**家庭內所有的寬容，並不是提供你顯露自己卑劣人性的場所**。自私自利的行為及任意妄為的態度，即使是家人也無法認同。

從今以後要貫徹實行成為家人榜樣的行為舉止，**尊重並注意自己的一言一行，家庭正是培養高尚人品的最佳場所。**

你個人健全的生活方式，不僅能引導家庭走向幸福，也會帶給你業務員的人生一個繁盛的未來。

75

不回顧過去不擔憂未來
活在「當下」

使我得到淬鍊的壽險行業裡，沒有「堅強的意志力」是不可能存活下來的。

實際上，也有不少業務員漂流在模糊懦弱的意志力中，每天只有惡戰苦鬥。在這個時間完全是自由分配的環境中，也有人到咖啡廳坐著想些事情，不知不覺又混過了一天。

這類的人，不是對「過去」有些擔心悔恨，就是對「未來」憂心忡忡。**於是搭乘名為「逃避現實」的「時光機」，遊走於過去與未來之間**。

像這樣開始徘徊於逃避現實的世界當中，自我的意志力也會受到損害。

而我一心為了「幫助他們，解救他們」，為了能讓他們離開時光機，不斷地宣導意志力的訓練。

而你到目前為止，**到底停止了多少「回顧與擔憂」？**這將是重生銷售動力的關鍵。給予心靈一些**「真正的喘息時間」也很重要**。正視「當下現實」的瞬間，正好可以讓心靈得到休息。

產生新的動能的方法，就是讓下意識產生「意識」。例如，身體刻意的去「伸展」的時候、意識到腳底的「走路」動作、端正姿勢的「深呼吸」、吃飯時專注於「吃東西」、感謝左右「手」的十根手指頭。

用心及皮膚去感受「風」，「雜音」也聽而不聞、感嘆「天空」的藍、感受到「氣味及香水」、抱持著感謝的心喝下生命的起源——「水」。

遵守「約定的時間」體會現在、關掉「電視」放空大腦及心靈、「整理」周遭的事物、對於任何事物都保持尊重，不使用「喂，那個」等字眼，安穩的說話。

「親切的」待人接物、發現別人優點的「稱讚」、寫「正能量日記」。

不須對抗老去，領悟到「諸事無常」、發掘苦惱之中的「小確幸」、覺悟「今天可能是我人生的最後一天」的生活。

如同上述一般，**持續地訓練注意「當下這個連續的瞬間」，就能加強意志力**。

第 4 章

Spirits
—鬼精神—

對一個人來說他的人生就是作品。

司馬遼太郎

不會造成別人困擾的「慾望」都可稱之為善。

福澤諭吉

我們背負著必然出生，然後邂逅了命運。

五木寬之

76

無時無刻讓「那件事」充斥在腦海中

成功的人的思考方式，並非單純的思考，還帶有念力的成分，千萬不可小看「念力」，**將想實現的「那件事」隨時隨地拿出來思考，就是念力。**

那些成功者一年到頭，腦中只思考「那件事」，為此該做些什麼？所有的生活都立足於「那件事」之上，為了完成「那件事」，不斷地調整日程表。

與人會面的先後順序也考量是否對「那件事」有幫助，是否可以合作完成「那件事」，經常嚴格地篩選所有事。只要與「那件事」有關聯的書籍就瘋狂的閱讀，並收集「那件事」的所有資料。

此時「那件事」已經深植腦海，換衣服的時候、刷牙的時候、洗澡的時候、上班的途中、同事之間閒聊開玩笑的時候，浮現腦海之中的全是「那件事」。

睡覺的時候也好幾次看到與「那件事」相關的夢，如此，你醒著也好睡著也罷，腦中全都是「那件事」了。為了「那件事」而廢寢忘食，嘴在吃飯心裡想的是「那件事」，如果把「那件事」當配菜，吃三碗飯都沒有問題。

只要想起「那件事」就覺得興奮，感到不由自主的開心，笑到合不攏嘴，進入亢奮的狀態。

然後你認為呢？**無時無刻地思考「那件事」到這種程度了，「那件事」哪有不到手的道理。**

「那件事」可以是，透過業務想達成的人生目的、想達到的業務目標、想得到的職位、想獲得的大量獎金、評比賽事的獎項、前所未有的新紀錄、客戶之間的良好關係、同事間共同的願景、新案件的成功等等。

你也真心地期望「那件事」開花結果，一定要每天24個小時一年３６５天，將「那件事」充斥在腦中。

我認識的所有成功者，每一個都被封上「〇〇狂」的稱號，全部都是被「那件事」附身的偏執狂。

77

誠實地面對閃閃發亮的「慾望」

近來，不貪財的瀟灑型業務員增多了。他們說不追求私慾，「差不多」的生活也可以算是幸福。

但是，這樣真的就滿足了嗎？只做到「差不多」的這個程度，的確會比較輕鬆，但是你的程度就沒有辦法再提升了嗎？

該是覺醒的時候了，當你抑制了人類最原始的慾望的同時，你的成長也停止了。**在「貪婪」的業務形態中歷練，最後達成目標，才有機會自我成長。**

你是否踏著朝目標前進的油門，卻又同時踩住了「背叛自己」的煞車呢？而使得心裡那個稱之為慾望的引擎不斷的發出嘶吼，**那麼該是請這位踩住「販售大增」的煞車的「偽善者」離開駕駛座的時候了。**

業務是需要志願服務的精神，可惜的是業務員不是志工，是以追求利益為目的的，沒有面對這麼重要的「目的」，盡做些虛假的自我滿足來混淆自己是不可取的行為。這種無慾望的，應該說是「假裝無慾望」的業務員，業績當然會低迷不振。

也有人因為生活在貧困之中，而一味地相信人生只有金錢而已，甚至認為貧窮是一種不幸。

不誠實地面對慾望，就無法創造雙贏，對世上唯一的自己及無可取代的家人都無法給予豐厚的生活的人，要如何使大量的客戶都過得豐沃？

雙贏的世界是建立在「誠實的面對慾望」這個基礎上面，沒有基礎的雙贏是虛構的，是放棄慾望的你所編織出來的「自我安慰的世界」。

切換到面對閃閃發亮的慾望的心態下，對所有的事物都不用客氣了。**取得地位名聲、贏得比賽，當然賺取錢財也是，即使只有自己獨得也沒關係，理直氣壯地說「這是我應得的獎勵」**。

充滿自信的成功業務員都是如此，在客戶面前也一樣不用客氣，理所當然地展現出「貪婪的態度」積極地攻陷他吧！

78

撕毀「放棄的方案」

頒獎儀式的舞台上，沐浴在燈光下的大概都是固定的那幾個人，勝利組跟失敗組之間的互換也不太可能發生。窮途末路的候補隊員用盡全力挑戰的下場，就是粉身碎骨，最後被淘汰。

試想，是失敗組的人員能力太差嗎？還是太懶散？應該不是，這些未成功的業務員，能力應該都差不多，也不是懶散的人。

經過仔細的分析之後了解了一件事。業績不好的原因，便是**這些業務員都已經「決定不達成目標」**的這個驚人的事實。

說出這個難免會嚇到你，或許你根本就不相信「會有這種白癡」。這群未達標的人都訂下了**「放棄的理由」**及**「放棄的時機」**。

你將手放在胸口問問自己，是不是也做過相同的事？

表面上是向著目標前進沒錯，但卻漸漸地變成了只是一種樣子而已，不知你是否有注意到這點？

你不自覺地在心裡想「做到這裡就好了吧」，這不就等於最初就已經決定了放棄的

「理由」，以及放棄的「時機」了嗎？其實**全部都在你的計劃之中**。

「截止日的前兩個禮拜還沒搞定的話，在評比中得獎的事就放棄吧！」

「被對手B超越的時候，我就放棄。」

「暑期的獎金日為止，業績如果都沒有起色，就放棄，換個工作吧！」

將做不到的理由都具體設定好的情況下，就已經「決定了無法達成的結果」。我也搞不懂，為何能用這麼多「藉口」當台詞，編寫出這麼一齣「沒法達成的故事」呢？

起初就簡單的「設定放棄的目標」，安排好了逃脫的路徑，那就沒有突破自我的一點點可能性了。

在你所追求的願望「還沒有實現」之前，趕緊將「放棄的方案」撕毀掉吧。

79

懷著獲得結果的「勇氣」分出黑白

我收到的讀者信函中，**九成以上都是關於「人際關係的煩惱」**。就算是金錢與健康方面的問題，起因大部分也是因為人際關係。

人生及業務都一樣，有了對手（客戶）才得以成立。而這個人際關係的好壞，更左右了結果，即使表面上維繫了良好的人際關係，也不能解決實際上的問題。

人生中很重要的一件事，就是要得到明確的「結果」。

這些可以是，工作上具體的成果、夥伴之間圓滿的生活、健全的親子關係、身心健康的身體、寬裕的金錢及存款。

任何事都朝著目標前進，始終追逐「人生業績」的生活方式，方能得到進入幸福人生的解決方案。「能駕馭業務的人，也可駕馭人生」。

其實我們每一個人從呱呱墜地的瞬間，就是業務員了。**業務正是人生的縮影。**

那妨礙我們實行「獲得幸福的業務活動」的因素到底是什麼？

那就是藏在我們心中的「恐懼感」。只要抱持著「進行業務的勇氣」，再向前踏一步，「人生的目標就得以實現」、「解決了家庭的問題」、「戀愛的關係就能改變方向」等等的悔恨，或許就可以如你所願。

所以你該懼怕的是「恐懼感本身」。要有**常態性地堅持分出黑白的這種態度。想要得到幸福，就必須擁有如同業務世界裡「追尋結果」的勇氣。**

況且在沒有勇氣進一步發展的狀況下，對方也不可能接納你，無法溝通的情況下，彼此相互猜疑所產生的壓力，無形中就在你的人際關係中築起了一道牆。

勇氣是為了客戶、為了同伴、為了家庭、為了他人而使用。需要拯救人的時候更是要積極地踏出去。

用於重要的客戶及所愛之人的勇氣，終有一天會變成自己的成果，轉化成自信回到你身上，然後增強、成長為更大的勇氣。勇氣不僅能引導你邁向成功，引導你獲得幸福的也是勇氣。

以「平常心」操作判讀風向的業務遊戲

業務常隨著情況，如波浪起伏，無論是誰，在遇上低潮的時候，都希望盡可能地保持好狀態。**該如何做，才能在每個月抓住成功的潮流？業績優秀的人都擅長於判讀風向**，能夠計算出哪邊的哪一位客戶可以回收多少金額，可以說是擁有某種天賦，也就是「嗅覺靈敏」的人！

你也要成為能夠嗅出「風向」氣味的人。

例如麻將這種四個人一起玩的牌局，每個人分別坐在東南西北四個位置，從東開始到北為止輪流做莊，以兩次輪迴後的點數多寡來分勝負。**如何使風向朝向自己，就是勝負的關鍵**，敵方當然不會簡單的就讓你贏。

順便一提，在遙遠的以前，我還在念大學的時候，曾經被看好可以成為職業的麻將選手，主要是因為我曾打過好幾次「雙倍役滿」，這是等同於逆轉滿壘再見全壘打的「奇蹟牌面」，也獲得過接二連三擊敗職業對手的「勳章」。

業務也跟打麻將一樣，**業務如同遊戲，面臨著接連的選擇，而且必須在那個瞬間做出決定**，這個判斷可能關係成敗，若每一次都患得患失，身體應該無法承受。

冷靜地接受結果，隨時保持著「平常心」、「意志力堅強」的人才能獲得最後的勝利。輸掉的人可能運氣不好一直骰不出好的結果，於是氣血衝上腦門直接翻臉，失去了平常心；不然就是悶悶不樂地嘆氣說「今天真不走運」，心中充滿鬱悶。如果又被說「欸、○○，你平常都很強的，今天真的不太走運欸。我也不是故意要說，但真的運氣不好呢。」，這時**焦躁跟鬱悶又再次被強化，最終就在遊戲中放棄掙扎。**

另一方面，所有的牌面都狂打猛衝，思慮不周到的人也贏不了。能夠做到**維持平常心不斷地隱忍，找到最好的時機一舉進攻**的人才是贏家。

能夠以平常心來玩遊戲，才能夠清楚地看出「決勝關鍵」，然後你的攻勢就能如順水推舟般，一氣呵成。

所以操作風向的遊戲，可以說是業務的縮圖，人生的縮影。

81

捨棄安定與執著
追求「美學」

歷經千辛萬苦和不斷的忍耐，終於得到相當的位置及酬勞，在嘗過甜美的果實之後，任誰都難以捨棄現狀。告訴自己「保持這樣就好，保持這樣就可以了」，只想緊抱著這份微小的成功，溫存在不冷不熱的狀態當中。

例如，長年辛勞所累績下來業務模式、經驗所累積的知識跟技巧、腳踏實地的擴展出來的人脈及市場、歷經激烈競爭之後所取得的業務經理頭銜、經年累月的高額年收入。這些若是犧牲自我的程度愈高，那就愈容易沉醉於現況。的確，「差不多該輕鬆下來了」的這種心情不難體會。

但很不幸的，**業務的世界，變幻莫測**。不可能永遠持續安穩的生活。

在你滿足於現有的業績，只為了維持現有的資歷，而採取了保守的守勢時，所有的一切都在往低處流逝。

嚴峻的業務世界，會自動地將你從曾登上過的成功舞台，轉送到下一個舞台。或許你認為自己搭上了通往成功的電梯，事實上你應該要發現，自己正一臉茫然地站在「殘酷無情的樓梯平台」上。

這種在下意識裡，緊緊抱住微小成功的心理，是稱之為怠惰的惡魔。

驅逐惡魔的方法是，必須親手折斷像小木偶一樣傲慢高昂的鼻子，鞭打渾身懶散的身軀，將心中的「獎狀」一張張的撕毀，與緊抱住的「光榮史績」訣別。

我親眼見過那些沉溺於安穩的業務員，一個接一個脫隊被淘汰的下場。

執著於維持現況、追求安定的舉動，通常會有令人畏懼的結局。這是一個很深的陷阱。還是你願意待在不見天日的牢獄之中，過著奴隸般的生活？

你若滿足於現況，「那個時候」就一步一步的逼近。要命的是，當「那個時候」來到時，一切都來不及了。

相信你也不願意看到這種結果，因此你必須要**「斷然捨棄」維持現狀的想法，奮力地工作到鞠躬盡瘁的地步。這正是業務員的美學。**

82

立下不後退的決心準備「背水一戰」

有些「聰明狡猾的業務員」會在真正的目標之外，設定一條「最低目標」的界線，其所獲得結果，通常都因為注意力流向比較低的方向，那邊就變成了終點。

你若想要解脫這個無法達標的地獄，只有一個方法，**誠實地承認這個安排「脫逃路線」的本能，然後堵死這條路。**

多相信自己的實力，被「放棄的春藥」荼毒、麻痺恍神的日子也該停止了。

捫心自問內心裡想獲得的目標到底是什麼？

然後**下定決心必定要「達成」，同時對自己發誓，沒有藉口、不談理由、不將任何事合理化，就這樣立下不後退的決心，準備「背水一戰」**。

當然沒有抱著必死的決心，也會導致失敗。鞏固決心的方法，就是需要徹底的覺悟，無論如何一定要痛下決心。

也就是，以**「即使到時候有些失敗也絕不後悔作為前提」，來加強鞏固自己的決定。**

留有退路且隨時可以退後的業務員，難免會分心去看後面的退路，這樣是沒有辦法朝向正確的方向前進的。願意承擔風險，自斷退路，勇往直前的業務員才有資格獲取沒有悔恨的人生。

「當時這樣做就好了」、「當時沒有那樣做就好了」等等，這些都別再提了。**只要將引誘你回頭觀望的退路斬斷，理所當然的只能不斷往前。**

將願望明確地想像出來，再用白紙黑字把它寫出來，也要避免走回頭路，不斷的在大腦中整理。每天不分早晚都跟親朋好友及客戶做出「承諾」。不論通勤或洗澡，都要不斷地「自我洗腦」。明確到這種程度，便能隔絕所有雜念，心無旁鶩地直接向目標前進。

只要訂定了標的，就有很多種方法可以達成目的，會遇上困難自然是心知肚明，克服困難的方法也必定找得出來。

認真地下定決心之後，這個瞬間跟達成目標就已經劃上了等號。

83

更深一層地發掘「現在站著的這個地方」

有些業務員成績平平，做事總是不太順利，於是想改變一下環境來掙脫目前的困境，他們也因此在短期內不停地換工作，但最後也沒有好轉。

大多數的人，輾轉於各個公司之中，逐漸使自己受到限制，而這個狀況只會一直惡化下去。**大致上你所處的環境就算是換個地點，也會因為相似的環境問題所苦惱**。單純地換個公司，絕不可能讓你從現實的地獄直接飛到夢境的天堂。

簡單的說，你只是想從那個地方「逃離出來」罷了！

號稱「找尋自我」，進入逃避的旅程之後，有人就開始了不斷流浪的旅途。這種被動式的四處奔波，尋找自我的方式，沒有逐漸發現自我的可能性，也不可能找到適合自己的場所。

因此在你敷衍了事地想逃離之前，**為何不再更深一層地發掘看看，當下自己所站著的地方**。在追究本身的環境問題之前，先轉個念頭，檢視自己的業務方式看看。

請你要相信，目前的環境，依據你努力的程度，有挖掘出更多寶物的可能性，也請你在這個地方努力地開創自我。

因為問題不在於你跟公司是否合適，也不在於你是否適合這份工作，而是在於你搭配的方式。

必須面對「當下，在這裡」的事實，邁向自我改革的路途。

雖然這麼說，要正面面對目前的所有問題，的確需要強大的毅力與勇氣。你這種找到空檔就想逃離的心情，我完全能夠體會那種痛苦。

但是，**絕對不要羨慕別人的好。**

或許到目前為止你根本都沒有想過要挖掘的那個地點，很可能就是你自己的「歸屬」，何不試著挑戰挖掘的更深遠些？

然後要認知到，這個地方，就是我整個業務員的人生，**這種「至死方休的覺悟」正是豐富你業務員生命的源泉。**

84

從今以後與「相互慰藉的同伴」斷絕關係

管理監督你業務活動的人，全宇宙中只有一個人，**那就是你自己本身**，這一點不需多做解釋吧。那麼身為自己的上司，你有做到「指示、指導」，管理「跟誰來往」的優先順位嗎？

組員的交際、客戶的會議、拜訪客戶、同行間的資訊交流、內部各部門的合作等，這些人當中你有**仔細地了解其人品之後，再選擇來往的對象嗎？**

大致上應該是出自不得已見面、依照慣例見面、被推薦之後見面、被邀請所以見面，只是聽其自然地發展，沒有一個判斷基準決定「來往對象」吧。

請不要輕視這一點。要知道**跟人品差的人一起從事沒有益處的工作，會有一股抵銷你所有努力的負能量。**根據你的基準，有可能使你的業績成長100倍，相對的也可能變成百分之一。

當然，這裡面也有些無法迴避的關係存在。

如果說這些毫無辦法的人際關係，也是你自己招引而來的呢？當你業績不好的時候，容易找跟自己業績一樣低迷的人來往，因為可以彼此「分享不幸」，可以說是某種互舔傷口的行為。

另一方面，萬事順利的人太過閃耀，讓你睜不開眼睛。忌妒與自卑等錯綜複雜的感覺，讓你覺得不自在，無地自容。

因此，**就在下意識裡招引不幸的事物靠近**。

我並不是要求你將人分等級對待，對於不幸的人給予鼓勵，給予建議及支持就足夠了，**問題在於你的態度**。

如果只會輕視比你不幸的人、欺負懦弱的人、跟消極的人同步，建立起這樣的人脈，你的業績也只會負成長而已。

從今以後，不幸的人來邀請你，就拒絕掉吧。與「相互安慰的同伴」斷絕關係。

人脈可說是反映出自我本身的一面鏡子，當然必須要好好的管理鏡子中的自己。

85

將「我會努力」列為禁語

表現出認真努力的樣子，偶爾會得到成果以上的評價；參雜著淚水的努力也會得到嘉獎，這些美學都是上班族尊崇的文化。即使沒有獲得理想的結果，只要能證明自己已經努力的實踐銷售程序，也會獲得讚賞。所以對於低業績而言，「我會努力」這句話的確很實用。

事實上，很諷刺的是「愈是努力，就離成功離的愈遠」，你有注意到嗎？**在只有打算奮發努力，卻沒有重視結果的生活方式下，無論經過多少歲月，仍舊是使不上力，也沒有成長。**

更有一些是沒有花功夫向成果前進，也沒有擬定策略及戰術，依照以前的習慣，及少量成功經驗的自我陶醉型努力家。不是打著「我喜歡努力的自己」的口號就能成功，業務沒有這麼膚淺。只有「打算」好好的努力的這種不冷不熱的決心，描繪不出光明的未來。

如果你也陷入了感嘆殘酷命運的業績低迷之中，那應該是將過去的問題放置不理之後所產生的「醃漬品」。

重要的是你所付出的努力，是否針對解決問題及達成目標有效果。努力本身並不具有任何意義，**如果發生讓努力這件事一枝獨秀的情況，倒不如一開始就不要努力還比較好。**

好比說，被問到「做得到還是做不到？」的時候，不回答「做得到」，多數的業務員會回答「我會努力」，推敲其中含意，其實是「沒有自信做到，實在不敢拍著胸膛說我做得到，反正盡力做看看」的意思。

哎呀！這真是胡鬧。這時言語的神奇力量就啟示你「反正就是沒做到，那也沒辦法呀！」、「我已經盡了最大的努力了，就這樣吧！」讓妥協的氣息增長蔓延。

今後「我會努力」這句話就列為禁語。隨時隨地說出以成果為主的決定。

必須將平常習慣使用曖昧的「我會努力」的這些字眼，換成具體達成目標的「幾月幾日為止，做到〇〇」之類的確實訊息。

86

脫離「假性正面思考」

我完全沒有否定「樂觀主義才是全部」、「最大的危機，就是你最大的轉機」這類樂觀的正面思考，但究竟「單憑」這類輕鬆正面的思維，有可能幫助你脫離業務的困境嗎？打從心眼裡認為危機就是轉機的業務員，真可以說是具有珍貴價值的「變態」。**常見的樂觀型業務員，大都是「逞強」、「硬撐」、「錯估形勢」的程度。**

依據常理評斷下來，結論當然都是「危機就是危機」。

現場的第一線上未必全都是積極樂觀型的業務員占優勢，反倒是有點保守、自律型的「悲觀主義者」，常維持著較好的成績。

從業績不佳的「樂觀男子」、「樂觀女子」上能觀察到一個共通點，那就是他們都沒有伴隨著行動。

只是單純地憑藉樂觀的言語來提高氛圍的「自我啟發信徒」，那只是贗品。

沒有行動力，只憑樂觀想法而沒有實際作為地人，其業務目標永遠沒有達成的可能性。因為言行不一致，沒能有效實踐的下場，業績也不會有亮眼的表現。

安慰性質的表演，即使用掉了一輩子的時間，也改善不了業績。

很可惜的，這群人對於可以使自己成長的試煉，沒有能將問題點經由客觀的數據分析，並擬定解決方法的行動計劃的這種習慣。

如果總是正向的你在今天遇上瓶頸陷入低潮，不妨藉這個機會檢視一下自己，是不是那種以樂觀想法逃避現實的人？

根據這些超樂觀主義者所抱持「危機等於轉機」的主張，剛好構成一個絕佳的理由，藉此閃避問題，「成就」另一個「怠惰的自我」。

剝開裝扮成樂觀主義者的面具後，所露出的真面目，其實只是一個懶惰的人。

請早日自覺到「單靠嘴上的慰藉，什麼事都不會發生」。

破除假性正面詛咒的方法，便是將**「船到橋頭自然直」的口頭禪改變成「一定要做到」，實行具體且客觀的計畫。**這就是唯一的方法。

87

想起逐漸淡忘時才會出現的「樂觀」

一般而言，事業經營到某個程度之後，會開始感受到快樂。

只是**「有趣」、「快樂」的這些情感，是在達到高等目標、解決了超級難題、提升了一兩個等級之後，成就感、滿足感及感動緊接著一起到來。**

沒用的業務員在這方面有嚴重的誤解，將工作整體劃為一整個區間，都是「快樂的」，而不是拼命地衝向高等目標的時候，或絞盡腦汁解決超難解的問題的時候，所感受到的快感，不如說那個過程才是最辛苦的。

所以正確的表達方式應該不是**「快樂的」而是「快樂了」，不會是現在式。**真正的「樂觀」會在往後，快要忘記的時間點上出現。

現實是非常辛苦的，無奈的是愈是勇往直前，遇上的阻力也就愈大。

所以**經歷過這些千辛萬苦之後，才能發自內心的產生得以忘卻這些辛勞的「快樂了」的情感。**這份「快樂了」的情感，能喚起業務員的靈魂，也提供了挑戰下一個課題的能量。

伴隨著重複著「快樂了」的情感，業績也會不斷的提升。

就如同遊戲的感覺一樣，隨著等級上升，難易度也跟著提高，享受一個個清除掉無預警關卡的快樂，這才是真正的業務。

而多數的迷糊業務員，往往忽略掉這些過程，費勁地在工作中找尋「樂園」，找不到「真正的快樂」也是預料中的事。

講到這裡，你是不是也清楚地理解到工作不快樂的理由了呢？

樂觀主義的真諦，不在於滿足現況，用輕鬆的方法完成最基本的工作，而是用盡心力「享受」完成艱難工作後的快感，從工作當中不斷地發現使自己快樂的因素。

「樂觀」在淡忘時才會出現。只要想起這件事，就覺得快樂，不是嗎？

88

遭受報應之前該明白的「傲慢」

業績呈現一帆風順的上升曲線時，大概都會失去「謙虛」。即使開始露出下降的跡象也不能即刻察覺。

可怕的是你自己本身的「傲慢」。原本組員給你的衷心的建議，會聽成「抱怨與忌妒」，上司或前輩提出正中紅心的警告，也覺得只是「訓誡及管閒事」而已。

古時候有一句告誡自己的諺語：「愈是豐滿的稻穗，穗頭垂的愈低」，因為持續的好業績，而開始自我感覺良好的時候，人就喪失謙虛了。

倘若老是跟唯唯諾諾的人來往，待人接物如命令小弟般的傲慢，接下來就是時間的問題了，因為這樣早晚會遭受到報應，告誡你「別太囂張」地遭受迎頭痛擊，如小木偶伸長的鼻子被狠狠的折斷一樣。

想著「不可能會這樣」而難以接受的頑固分子也是存在。愚蠢地沉浸於萬般皆順的幻想之中，茫然無知地被淘汰掉的這類曇花一現型的人也不少。

他們都忘了「客戶的支持」、「同事的幫忙」這些事，自大地認定「我很厲害」、「我的功勞」，於是同伴就接連地遠離了。

這群人體驗到跌落谷底的挫折感是必然的結果，然後他們為了從地獄中掙脫，重新站起來，應該是學到了「自我警惕」這件事。

洗心革面取回「謙虛」是沒錯。但是卻又誤解了「謙虛」的含意，變成了「輕視自己」的人。對一個從失敗中喪失自信的人來說，或許在所難免吧！但是**保持謙虛跟「變得卑屈」是正反面的兩個涵義**。

不是鞠躬哈腰地賺取客戶的同情，不是壓抑自己的意見，跟隨同伴任意的指揮，更不是對強勢的上司言聽計從。而是要擁有不卑屈的「真實的謙虛」，才可以持續的獲得良好的成果。

只有發揮「托您的福氣」的這股謙虛的能量，贏得客戶及同伴的支持，上升曲線才能不斷的上揚。

89

不審判愚鈍的對手 跟「架空的自我」做比對

業務組織本身雖然擁有高度的能力及技巧，卻是一群**性格上不成熟的人的集合體**。

朝令夕改，拿不定主意的業務部經理、交付不可能達成的任務又狂吠亂咬的分公司主管、自我中心且態度驕傲的業務經理、充滿忌妒心又白目愛黏人的競爭型同事、到處惹事不知反省的莽撞新進業務員。

「這些人真是最低等的人類」，你不禁在心中這樣怒吼。裁掉，統統裁掉，制裁的風暴即將席捲而至。

我也能體會你想嚴正指責的心情，巴不得讓自己成為判官，從心底深處想宣判他們處以「極刑」，我也有切身之痛。

但是，我必須提醒你，隱藏在這股憤怒背後的驕傲是很危險的。**當你想指責別人的時候，你是否抱持著「我跟他們是不同的」的想法看輕對方？**是否以「我是好人，他們是壞人」這種倫理道德感來做區別？

當然沒有責備你的意思，我也知道你是認真地在擔任黑臉教師。

我所擔心的是，這個黑臉教師顯露出了自命清高的牆垣。要警惕自己，**這種接近傲慢的錯覺，其實隱藏著犯下錯誤的元素。**

輕視對方之前，應該先謙虛地檢視自己，有無評判對方的資格？自己是否都保持著完美零缺點？應當先反省自己。

並不是強調「我自己不是那種人」，是希望你要有「警惕自己不要做出那種事」的心理準備。這樣才有反面教材的價值。

今後，千萬不要成為戴著正義假面的「惡劣判官」。

要知道，被審判的對方及審判者的你只有一紙之隔，在你所不知道的角落裡，你也正被某個人審判著。

另一方面，當你看不起某人的時候，見到他愚蠢的行為，產生的安心感也算是某種程度的傲慢。不應該「啊，真是白癡」地覺得安心，**應該將「愚鈍的人」跟「架空的自己」重疊比對一下比較好吧！**

90

控制自己的「情緒」

你總會有提不起精神的早晨，也許因為處理抱怨事件而感到困惑，有忙昏頭的日子也有悶得發慌的日子、跟同事吵架的日子，也會有因為遺失重要文件而沮喪的時候、偶爾遇上親戚住院的的時候，發生持續好幾天身體不舒服的情況，也會因為業績沒起色而意志消沉。

遇上這些事，無論是誰都無法釋懷，總是會落入陰沉的心情。

但是，同伴們對於你心情的變化是敏感的，會盡量在你心情好的時候接近，你心情差的時候，保持微妙的距離觀望。

在客戶面前更是如此。或許你沒有注意到，失去活力的狀況是隱瞞不了的。許多業務員**幾乎都察覺不到自己的不開心**。雖然可以敏銳地察覺別人的心情狀況，換到自己身上時卻變得非常遲鈍。

這裡先提醒你，**這種自我本位的焦躁，會讓各種緣份及業務機會遠離而去**。

因此請你穿上稱之為愉快心情的高級西裝，展現出駕馭情感的實力。即使遇上了嚴重的意外事故時，也不會損失「愉快心情的能量」，不表現出消沉的樣子。**絕對不顯露出會被某些事物影響的弱點**。

話雖如此，也不是要你一直維持著誇張的言行舉止。要緊的是在於保持內心的安穩。

據說業務的人生有三個坡。上坡、下坡及「沒想到*」。遇上「下坡」及「沒想到」的情況下，能夠拯救你的就是保持「內在愉快」的那一顆心。雖然期望著能有蒸蒸日上的業務員人生，但現實就樣搭雲霄飛車一樣，有高有低，心有餘而力不足的狀況當然也在所難免。

你只能想成是上天給我的「試煉」，測試你「在這種逆境之中，是否依然能保持心情愉快」。處於不利的環境下或低潮的時期，都能當成在搭乘雲霄飛車，在「啊～」的叫聲中享受其中的刺激快感，此時事情正朝向解決的方向前進，開始好轉。

反正，上坡的時間不會一直延續不斷。**保持愉快的心情享受走下坡的逆境，眺望著天空，大步往前邁進，這也是唯一僅有的辦法了**。

*諺語。日語中最後一個音皆押韻。

91

停止「訴苦」，自立自強

或許你現在正因為不合理的事情而感到不公平與不滿，對事情無法如意地進行而意志消沉，呈現業績上上下下而不安定的狀況，覺得「真的是運氣很爛」地想找人訴苦。

有時也會碰上客戶反悔，煩惱著還要繼續相信人類嗎？被新到任的嚴厲經理臭罵一頓、股價下跌造成損失收入大量減少。

這裡要注意的是，原本客戶就是你自己本身在鏡中的映像，所有的人際關係都是自作自受的道理。玩弄權勢的上司，所有的組織裡都會有一兩個存在。景氣這種事本來就不穩定，依賴它的你才有問題。

所以，針對自己也無能為力的不合理的事情「訴苦」，搞得自己的心情不好，是否就變成了「苦上加苦」？這樣就太難受了。

那還不如**將這些嚴峻的現實，認定為「自己所選擇的結果」，坦率地接納它們**。

即使是讓你後悔做了這個「錯誤」的選擇的試煉來訪的時候，也要有「總有一天，我會證明這些失敗或阻礙，都是正確答案讓你們看看」的氣魄，這樣才能產生突破現況的業務能量。這些解析的累積，將會在5年、10年後持續的孕育出成果。

為此，你必須徹底地磨練好積極向前的心理狀態，以免遇上挫折就心灰意冷。**無論任何事都用純真、肯定的態度去面對，高唱「這些全都是正確答案」的口號。**

將來有一天，「啊～原來如此。那個時候就是因為發生了這件事，所以才會有今天的成功」，人生大逆轉的誘因就來自於「業務能量」。

你該捨棄，**總是愁眉不展及不斷「訴苦」的業務方式，進化到真心的肯定所有事情都是「正確的答案」的生活方式了。**

此後的業務員人生就不依賴著不可靠的東西，不被賴以生存的事物背叛，完全仰靠自己的雙腿，自立自強的向前邁進。

92

從地獄的「被害者病房」中脫逃

慎重起見，請大家先診斷一下自己是否有感染上令人聞之色變的傳染病吧！

這個傳染病會破壞業務員的人生，是帶有高危險病毒的「怪罪病」。得了「怪罪病」的業務員會發生不檢討自己努力的程度，不承認自己知識跟技能不足，怪銷售不佳都是因為客戶及市場走向不好，怪業績不好是公司及商品的關係，怪沒有達到目標的低評是上司的責任。

所有的過失都「怪罪」於自己以外的事物，假扮成被害者的「怪罪病」病患甚至不知道自己已經被病毒感染。

不面對眼前的問題，並且將原因推諉到別人身上，不知道是在恨什麼？不知道是在氣什麼？自認是被害者的心態，不停的嘆息。將責任轉嫁給別人，自己徬徨在絕望的邊緣。

不自覺的被害者心態更是可怕。

頑強的認為「自己沒有錯」，遇上無以抗拒的苛責，無力打破的封閉的社會之後，只能送入「被害者病房」。

這不是別人的事情而已，你自己本身也要非常注意。

要防範「怪罪病病毒」的感染，只能提高自我的免疫力，防堵感染途徑。

首先要**自覺到「這都不是誰的錯，完全是因為自己」**，不斷地告訴自己、提醒自己。

然後**不要靠近「怪罪病病患」**。

「怪罪病病毒」的繁殖能力極強。有超強的傳染力，傳染之後再增生，繼續擴散傳染。不斷的侵蝕業務員，直到變成活死人為止。

所以在事態變得不可收拾之前，必須要趕緊離開地獄般的「被害者病房」。

放逐那個推諉卸責的卑劣自我，理解到降臨在自己身上的所有事情，都是「自己所為」，**培養起乾脆負責任的「免疫力」**。

隨時都進行乾淨、潔淨、純潔、健康的業務活動。

保持乾淨無瑕的心境，就可以避免病原體的靠近。

93

不要只當旁觀者 成為唯一的「當事人」

常會聽到「這樣下去的業務規範是行不通的，誰來改革一下吧！」。確實只靠自己的力量也許也改變不了什麼，但是方便到如魔術師的手法一般，「誰來」解決這些事情的狀況也不可能發生。

等待著誰來處理的時間裡，事情的狀況大多只會更加惡化，無異於作繭自縛。況且營業組織沒有簡單到，「自己不必有任何動作」，而現況就會自然而然改善的這種程度。

那麼該會是由誰來改善現況呢？是上司呢？還是公司呢？還是神明？

這些沒有當事人的自覺，還冷靜地裝成旁觀者的業務員，總是雙手合十地祈禱，「期待別人」能做些什麼。但是那個誰來幫忙做的期待，並不會得到幸運之神的眷顧。「期待別人的這間廟」裡面沒有神也沒有佛。

所以，必須靠自己以行動去改變動向，不用期待「有誰來幫忙做一下」。「你親自去做」，你自己鼓起勇氣，將之付諸行動。即便只有一公分，小小的一毫米也都無妨，**你採**

取行動的這個作為，已經使結果產生變動。

你（組織）的觀念及知識是否已經老舊？或許有必要重回到當初，收集各種資訊，再次的努力學習。

你（組織）的銷售技巧是否已經生疏？或許有必要重回到當初，再次練習談話的技巧及角色扮演的訓練。

你（組織）的活動量是否已經下降？或許有必要重回到當初，再次分析數據去獲得正確趨向及開拓新的市場。

你（組織）的精神狀態是否呈現負面？**或許有必要重回到當初，再次朝向理想及目的，整理出堅定的目標。**

假設你面前掉落了一些垃圾，或許有必要重回到當初，回想起不假思索的揀拾起垃圾的那份「純潔無瑕」的心境。

踏出個人的一小步，將身為一個當事人的行動，慢慢地累積下來，就可以開創出「新的活路」。抱持著這樣的信仰，主動地採取行動吧！

94

正對著理想率先成為「負責人」的候選人

當今的時代，沒有升職的意願，寧願一輩子當輕鬆的玩家，不走上「負責人之路」的業務員正在增加當中。

覺得管理職務很辛苦，所以不想擔任，專案經理等職務也很麻煩不願意接，收入增加的同時，工作內容也變得複雜，所以薪水維持在低水準也不介意。不想被婚姻制度束縛，暫時保持單身就可以了。

總之就是盡其所能地逃避所有的「責任」。

事實上，**他們真的能夠由衷的滿足於這種「無責任感」的生活方式嗎？**真的不想出人頭地？真的不想提高收入？真的不想結婚？如果都是真的，那我只能鞠躬道歉了，當然你要如何過生活，都是你的自由。

但是只有我總覺得有點不「老實」的感覺嗎？

真心話應該不是那樣，當然也想出人頭地、也想多賺點錢、也想擁有家庭，享受充滿愛情的生活吧。

倘若真是這樣，那是不是該從內心開始老實地面對自我本身？**正直地面對「理想」這件事，正是進入幸福的業務員人生的起點**。

不妥協也不放棄，應該好好的規劃自己的人生，幸福地生活下去。

況且，**人只要活著，就無法逃避各式各樣的「責任」**。用盡各種辦法逃離「責任」的逃亡者，往往會陷入「迷路」的後果，被迫面對席捲而至的苦難。很可惜的「逃亡生活」是無法持久的。

這些苦難可能會是平靜無聊沒有爭執的日子、挑戰忍耐極限的最基本生存方式、沒有人關懷的孤老一生。

無論如何，想避免這些事情發生，就必須**對自己的人生負起「責任」，要有認真地學習成長的覺悟**。

首先，**即使是雞毛蒜皮的小業務，也要努力地有成為當負責人的自覺**。表現出負責到底的姿態，做為更高一級的業務員，你將會確實地不斷成長。

95

確實地盡「孝道」提升業務精神

我擔任外資壽險的分店長時，率領了1000人以上的菁英部隊。我曾經寄信給全公司員工的雙親，內容是關於工作的表現，每個員工發揮個人專長後的工作狀況，以及對公司的莫大貢獻。

然後也收到了許多來自他們父母親的回信，其中我發現了一個現象，成績優秀的員工的雙親，回信率不僅偏高，內容也比較豐富。

拜讀這些回信之後，**能感受到業務員們平常孝順的樣子，而親子關係良好的員工，他們的業績也都比較高。**

證明了沒有感謝父母的心，是無法成為真正的成功者的事實。

應該擺在最優先的位置上的孝親行為，以「有點難為情」、「住得太遠了」、「找一天去做」，作為藉口拖延的業務員，也不用太期待他們的表現。

不僅雙親，表達出感謝的心情給對方也是成功者的一個大原則。不管生育自己的恩人、自己的父母親，只在客戶面前表現出體貼的態度，是掩蓋不了空虛心靈中的「矛盾」。

所以**不孝順的人不會成為高業績者**，更不用提讓父母親操心的人了。就算是沒辦法實質的盡孝道，在業務的工作上展現優異成績，讓父母親安心也是很好的方法。父母雙親都已經往生的人，可以時常抽空去掃墓，經常給牌位上香，雙手合十禱告誦經也很好。

重要的還是自己那份報恩感謝的心情。不須拘泥於形式，只要能夠做到孝親的行為，你的業績也會向上提升。

我敢驕傲地說，我是非常孝順的兒子。我們家是三代同堂的7人家族，扶養昭和個位數年代出生的雙親，每個月都提供他們高額的零用金。當然有人會諷刺的說「收入優沃的人，盡孝道也比較容易吧！」但我是相信這是不同一回事。

並不是有了高收入所以能孝順父母，而是「一直都孝順父母，所以有高收入」。事實上，我跟父母親住在一起之後，業績就快速的成長，寫書出版的願望也得以實現，成為作家開啟了寫作的人生也是在這個時期。

96

安排使自己「激動振奮」的招式

我在分店長時期，從自己做起，**每天早上舉行「感謝的100秒演說」項目**。每個人輪流在所有人面前拿起麥克風，發表最近發生的令人開心的小插曲、好消息等50秒及今天會發生的願望50秒，合計100秒的「感謝的演說」。並規定表述還沒發生的事情時，也必須使用「發生了○○這件好運的事情」的過去完成式的型態來表現。

在習慣被拒絕的業務的世界裡，每天要發表好事情，實在是件困難且不人道的事情。

因此，**普通日常生活中的小確幸、不幸事件中的教訓等，以正面的態度去解讀後，就成為了感謝的演說**。這方面的訓練才是真正的目的。在彼此分享這些正面思考的演說中，激發出同伴相互之間積極向前的動力。

至於由哪一位來演說，完全由我指定分配。**因此所有人在每一天早晨都必須想些「好事情」，用心做好準備**。

現在只要我發出指令，所有人就會很有精神地舉起手來。最開始地時候，單純地採用了舉手的制度，漸漸的出現從椅子上站起來大叫的，跳起來揮手的，邊跳舞邊衝向前的，學猴子的樣子舉手的，看到這種熱烈的景象，我的出題也不得不跟著增加難度。早上開始就看到一群大人在辦公室裡跳來跳去，這種認真的景象，看得我都覺得很感動。

這個演說的項目，引發了全公司的話題，也曾在總公司的經理人會議中播放錄影的影像，當然是「做為一個優良案例」。

令人激動的朝會效果，使得我的營業團隊達到了全公司平均值3倍以上的生產力，成長為一枝獨秀的冠軍隊伍，最終取得了「夏威夷會議金牌獎」的榮耀。

在一邊發出聲音一邊活動身體的情況下，**全身會充滿著體內分泌的快樂物質，湧現出充沛的能量。顧忌、消極、羞恥及懦弱的心理都會被吹散，每個人都可以興高采烈地工作。**

希望獨自奮戰中的你，也可以安排一些可以振奮人心、使人積極的招式。

97

如何驅逐「Another」用直觀的感覺判斷

業務的世界裡常遇到二選一的情況，被逼到選擇天堂或地獄的懸崖邊，這種千鈞一髮的場面中，快速正確的抉擇並不是件輕鬆的事情，如果你每一次都做出了正確的決定，那你的業務人生就安穩了。

那麼要如何做出正確的抉擇呢？其實答案很簡單。

相信那一瞬間「直觀的感覺」就可以了，不需要「道理」，憑著「直觀的感覺」決定。

雖說如此，有一點絕對不可以誤解，不是單純地憑「感覺」直接做判斷。「觀」指的是目不轉睛的注視著真理，直接面對它的意思。**用你的心眼去觀察事實當中存在的貨真價實的真理。**

運用這種有根有據的「直覺」所做出的選擇不會有錯。

但是你若硬是要把事情合理化，導致事實被扭曲變質，就會落到判斷錯誤的下場了。

「大家都是這樣做」、「不想被別人討厭」、「怕被罵」，像這樣**沒有主見的判斷對你自**

己沒有一點好處。

直覺沒有奏效的原因，是因為「你是一個虛假的人」。「虛假的你」所指的意思是，被周遭的環境及無心的人所影響，左右飄移沒有主見的你自己。

我把這個「另外一位自己」命名為「Another」。

躲藏於「Another」的陰影底下的你，因為對社會中的真實、人際關係的本質都「觀察不出來」的緣故，「直覺」變得遲鈍，也就造成了你自己被出賣、被傷害、被支配、被各種惡意玩弄的下場。結果，虛假的你覺得「做不下去了」開始自暴自棄，做出更加匪夷所思的行為。

此後，**應該要詢問知道正確答案的「真實的你」**。用不矯情的、正直的、不緊張的、充滿正義感的自己，做出屬於自己的判斷，找回自己高尚的「自尊心」之後，也就可以見到真實。

因此，如開天眼一般，你的「直覺」也就開光了，引導你走向幸運的業務員人生。再也不用擔心被不幸的人擺佈玩耍。

儘早驅逐 Another，找回建構豐沃的業務市場的判斷能力。

98

磨練你的「清高」成為最好的技巧

失去自信的時期，所有的事都進行得不順利。

但是不斷地提醒自己「要有自信、要有自信」似乎也起不了作用。

追究失去自信的根本的原因，其實是**「自己是沒有價值的廢人」這種莫名的「愧疚」或「罪惡感」所引起。**

首先要知道「能力」跟「清高」是兩件完全不相干的事情。譬如，一個精通於角色替換、知識豐富的人，儘管他有超強的能力，如果為人不夠「清高」，業績也會是上下波動，不會安穩。

「清高」在字典上的解釋是，**「人品高尚，不為私利所動」以及「嚴以律己的態度，且獲得他人尊敬的樣貌」**。「清高」的同義詞有「誠實」、「公平」、「正直」、「健全」、「清廉」、「倫理」、「道德」、「正義」等。Integrity 這個字的意義，不只有誠實的意思，歐美也有「擁有完美的人格」的定義存在。

業績無法上升的業務員，因為沒有好好地磨練你的「清高」，怠忽了最基本的努力，所以沒有真正的自信心。

每個人都應該擁有「良心」。**想作為成功的業務員，必須培育良心，磨練並增強清高的能力。**

如上篇所述，嘗試著去接受「你是一個虛假的人」的「Another 理論」看看？

不能掌控「自信」的理由也可能是，沒有節操無規矩的「另一個你」，所造成的「愧疚感」及「罪惡感」所引起。

從「另一個虛假的自己」出竅，由上而下俯視之後，應該會看到短視近利的自己。

將生活方式改變到以清高為基準的時候，另一個虛假的自己便會消失無蹤。

你將會以你自己的方式，步上充滿「自信」的業務員人生之路。

99

當成最後的業務寫好「遺囑」

每個人最終會有進入墳墓的一天，百分之百會面臨死亡，這是不爭的事實，雖然不甘心卻也無法避免「那一天」。

最困擾的是不知道「那一天」什麼時候會到。因此我們避開這個令人恐懼的事實，不去思考它的存在而生活著。

在此我想問，想在有限的業務員生涯中出人頭地的各位，**你在你想實現的目標上，掛上了「有效期限」的標籤了嗎？**

我所提的目標並不是公司給的基本額度或預算。**而是你發自內心想完成的心願，是人生的意義、目標。**

人生的期限如果是「死亡為止」，你應該會有一個在這個期限之前想完成的願望。

但是「有一天能實現的話，那就太好了」之類的願望，對於未知的死亡沒有警覺，悠閒度日的人而言，沒有實現的那一天。繼續的醉生夢死下去，不刻意去追求結果，得過且過的日子，當然是非常輕鬆愉快。

即使是這樣懶散的你，**逼進到截止日期之時，驚覺到「不能這樣下去了」，就可以發**

揮出超越平常的實力，對吧？

初期會想著「找一天做」的拖延下去的你，遇上了截止日接近的時候，也一定會展現出火燒屁股般的行動力。

同樣心境之下，**警覺到或許明天就是「人生最後一天＝截止日」**的情況下，積極衝向目標的力量高漲，速度及活動量也會呈現出跳躍式的增大吧！

想獲得這些效果，**覺悟到明天的死期，留給家人一份「遺囑」吧！**

認知到自己人生的期限即將到來的現實，開始真摯的面對明天的死亡之後，**自己真正想做的事情，追求的目標，屬於自己的生活方式就會清晰的浮現出來。**

覺悟到明天就是截止日之後，便將今天的這一天「徹底地活好」。這樣你的每一天，每一個小時，分分秒秒都會綻放出光芒。

「這幾天」、「找一天」是永遠不會來的，人生的截止日就是「今天」、「現在」、「立刻」。

100 扮演人生這部業務戲劇的「主人公」

這些話說出來也不怕被你們誤認為我是個狂妄的人，在我剛畢業還是新進人員的時期開始，我一直都是以我是全公司的中心人物的心態在工作。

擔任分店長的時候，也沒有迎合營業組的策略，都是以我為尊的姿態在行動。換到了6萬人的超大型公司之後，也一直由我來當「主人公」。現在位於營業總部的中心位置上，新開的通路從零開始開闢的時候，最初的一滴水（一個人）也是我，不是我自誇，如果沒有我這個「主人公」，連成為如此洶湧澎湃的大河川（數百人）的機會都沒有。

營業組織的舞台上，「主人公」一直都是我，**我很自然地以獨一無二的個性派演員，「扮演」著這部戲劇中的「主人公」**。

100**個業務員就會產生**100**部不同的戲劇**。就算是平凡無奇的你，在你自己人生的戲劇中，也是不可或缺的「主人公」。

更厲害的是，你是這部戲劇的主人公的同時，「劇本」也由你本人親自編撰。**客戶之**

間的關聯度及組織裡的角色，都是你自己創造出來的產品，是身為劇本作家的你所描繪出來的故事。

你可以自由地修改劇本中的主人公，出現在你周圍的景色也可以由你這位「演出家」來取景，自由地拍攝你自己喜好的影像，這全部都是依據你的意志所創造出來的現實。

有時候劇中的主人公也會遇上試煉及苦難，但如果沒有出現一些意外來作點綴，情節也就太平淡了。無論劇情如何轉折，正義一方必會取得勝利。

不要認為你只是公司裡打雜的小角色之類的臨時演員，**只要能意識到公司正是你演出你自己人生的「最高級、華麗的舞台」，每天一定能閃閃發光，燦爛奪目。**

在主人公是你的情況下，憑藉著不拘不撓的精神，必定能克服萬難，盡心盡力永不放棄，不斷的達成業績目標。

在主人公是你的情況下，必定是營業團隊的開路先鋒，成為同事們憧憬的典範。

在主人公是你的情況下，必定能記取失敗的教訓，保持謙虛好學的姿態，滿懷著對客戶的感謝，去建構彼此之間的信賴關係。

戲劇裡的主人公在任何情景之下都要很帥，最後迎向快樂結局。

後記

長眠於你內心深處的「鬼」，睜開雙眼了嗎？

我想閱讀到這個環節的你，是不是有著滿腔的自信及甦醒的力量，現在就想立刻開始營業的衝動及高昂的士氣呢？

若藉由鬼的金言玉律，你得以重新燃起業務之魂。那麼我就覺得非常欣慰了。

而對於原本就有相當程度的業務實力，想再更上層樓而閱讀本書的「鬼一般的你」，便是如虎添翼了。

將100則「強勢締結法則」整理成一本書，真可以說是極盡奢華的高級商管書籍。同時也是我本人的一個願望，使我覺得非常感動，真的是連鬼都會流下淚來。

超實用的鬼技巧，超實在的鬼戰術，超具體的鬼習慣加上超刺激的鬼精神，「從來未曾見過，如此內容豐富的營業指南書籍」，真想這樣大聲的吼叫出來。

鬼的定義是，「**喚醒那些你原有的，但平常發揮不出來的堅強耐力及活力，憑藉著理性、知性及愛，實現願望的那股『巨大無窮的力量』**」。

熟讀了「打造超級業務員的100個心法」的你，已經預約了將來的成功。

無論你如何吹噓你的未來（明年）將如何如何，「鬼絕對不會笑」。

我也衷心地期待本書，能夠成為後世業務員永遠爭相傳誦的經典巨著。

另外，如果能藉著更多的業務員讀過本書之後，增添若干人世間的溫暖，那更是令人高興不已。

最後針對這次的出版，感謝明日香出版社的各位傾力相助，才能有這次機會。

特別感謝擔任編輯的古川創一先生，由於有他如同鬼一般正確的建議，及「佛」一般的溫暖鼓勵，才能誕生這本書。

再一次鄭重地感謝所有相關的工作人員。

早川　勝

早川 勝的銷售法則：打造超級業務員的100個心法

作　　者	早川勝
譯　　者	陳嗣庭
發 行 人	林敬彬
主　　編	楊安瑜
編　　輯	鄒宜庭、高雅婷
封面設計	陳語萱
編輯協力	陳于雯、高家宏
出　　版	大都會文化事業有限公司
發　　行	大都會文化事業有限公司
	11051臺北市信義區基隆路一段432號4樓之9
	讀者服務專線：(02)27235216
	讀者服務傳真：(02)27235220
	電子郵件信箱：metro@ms21.hinet.net
	網　　址：www.metrobook.com.tw
郵政劃撥	14050529 大都會文化事業有限公司
出版日期	2022年07月初版一刷
定　　價	300元
I S B N	978-626-95794-2-6
書　　號	Success-097

◎本書為《喚醒你心中的「魔鬼」！100個超級業務都在用的強勢締結法則》二版。
◎本書如有缺頁、破損、裝訂錯誤，請寄回本公司更換。

國家圖書館出版品預行編目（CIP）資料

早川 勝的銷售法則：打造超級業務員的100個心法
／早川勝作；陳嗣庭譯. -- 初版. -- 臺北市：大都會文
化, 2022.07
240面；14.8 × 21公分. -- (Success；97)
譯自：営業の鬼100則
ISBN 978-626-95794-2-6(平裝)
1.業務 2.行銷 3.職場成功法

496.5　　111005111

大都會文化

大都會文化　讀者服務卡

書名：**早川 勝的銷售法則：打造超級業務員的 100 個心法**

謝謝您選擇了這本書！期待您的支持與建議，讓我們能有更多聯繫與互動的機會。

A. 您在何時購得本書：_____年_____月_____日

B. 您在何處購得本書：__________書店，位於__________（市、縣）

C. 您從哪裡得知本書的消息：

1. □書店　2. □報章雜誌　3. □電臺活動　4. □網路資訊

5. □書籤宣傳品等　6. □親友介紹　7. □書評　8. □其他

D. 您購買本書的動機：（可複選）

1. □對主題或內容感興趣　2. □工作需要　3. □生活需要

4. □自我進修　5. □內容為流行熱門話題　6. □其他

E. 您最喜歡本書的：（可複選）

1. □內容題材　2. □字體大小　3. □翻譯文筆　4. □封面　5. □編排方式　6. □其他

F. 您認為本書的封面：1. □非常出色　2. □普通　3. □毫不起眼　4. □其他

G. 您認為本書的編排：1. □非常出色　2. □普通　3. □毫不起眼　4. □其他

H. 您通常以哪些方式購書：（可複選）

1. □逛書店　2. □書展　3. □劃撥郵購　4. □團體訂購　5. □網路購書　6. □其他

I. 您希望我們出版哪類書籍：（可複選）

1. □旅遊　2. □流行文化　3. □生活休閒　4. □美容保養　5. □散文小品

6. □科學新知　7. □藝術音樂　8. □致富理財　9. □工商企管　10. □科幻推理

11. □史地類　12. □勵志傳記　13. □電影小說　14. □語言學習（____語）

15. □幽默諧趣　16. □其他

J. 您對本書（系）的建議：

____

K. 您對本出版社的建議：

____

讀者小檔案

姓名：__________ 性別：□男　□女　生日：____年____月____日

年齡：□ 20 歲以下 □ 21 ～ 30 歲 □ 31 ～ 40 歲 □ 41 ～ 50 歲 □ 51 歲以上

職業：1. □學生 2. □軍公教 3. □大眾傳播 4. □服務業 5. □金融業 6. □製造業

7. □資訊業 8. □自由業 9. □家管 10. □退休 11. □其他

學歷：□國小或以下 □國中 □高中／高職 □大學／大專 □研究所以上

通訊地址：______________________________

電話：（H）__________（O）__________ 傳真：__________

行動電話：__________ E-Mail：__________

◎謝謝您購買本書，也歡迎您加入我們的會員，請上大都會文化網站 www.metrobook.com.tw 登錄您的資料。您將不定期收到最新圖書優惠資訊和電子報。

早川勝的銷售法則

大都會文化事業有限公司

讀者服務部 收

11051 臺北市基隆路一段432號4樓之9

寄回這張服務卡〔免貼郵票〕
您可以：
◎不定期收到最新出版訊息
◎參加各項回饋優惠活動

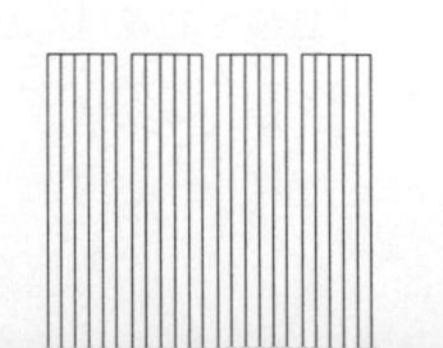

大都會文化
METROPOLITAN CULTURE

大都會文化
METROPOLITAN CULTURE

大都會文化
METROPOLITAN CULTURE

大都會文化
METROPOLITAN CULTURE